新工科建设·电子信息类系列教材

协作机器人实训教程

胡明宇　龚晚林　陈小桥　主编

电子工业出版社·
Publishing House of Electronics Industry
北京·BEIJING

内 容 简 介

《协作机器人实训教程》旨在引导读者了解机器人领域中更灵活、更安全、更易于操作的协作机器人，简要介绍了协作机器人的基础特性、运动学基础、动力学基础、运动规划、运动控制方法等理论知识。本书主要以斗山协作机械臂为例，介绍了协作机器人的功能特点、软硬件特征及多种编程方法，结合作者的协作机器人实践和竞赛培训经验，梳理了丰富而易于上手的实训案例。

本书以图形化编程方法为开端，逐步引入脚本编程方法，介绍了新颖的远程连接控制方法，并基于 ROS 系统编程控制协作机械臂进行仿真和实训，给出了大量代码示例，并进行深入解析。实训示例层次性递进，逐步提高实训深度，可引导编程零基础或机器人零基础的学生迅速入门并掌握协作机器人的图形化编程和 ROS 编程技能，动手实现各种人机交互案例。本书是一本基于机器人应用设计的实践类教材，结构新颖合理、案例丰富翔实、深入浅出，对学生具有指导意义；本书也是一本跨学科教材，可作为高等学校人工智能、计算机、电子信息、机械电子等相关专业的实训教程和参考书，也可作为相关工程技术人员的参考书。

图书在版编目（CIP）数据

协作机器人实训教程 / 胡明宇，龚晚林，陈小桥主编. —北京：电子工业出版社，2023.11
ISBN 978-7-121-46777-6

Ⅰ. ①协… Ⅱ. ①胡… ②龚… ③陈… Ⅲ. ①智能机器人－教材 Ⅳ. ①TP242.6

中国国家版本馆 CIP 数据核字（2023）第 228825 号

责任编辑：赵玉山
印　　刷：三河市双峰印刷装订有限公司
装　　订：三河市双峰印刷装订有限公司
出版发行：电子工业出版社
　　　　　北京市海淀区万寿路 173 信箱　　　邮编：100036
开　　本：787×1092　　1/16　　印张：11.75　　字数：308 千字
版　　次：2023 年 11 月第 1 版
印　　次：2023 年 11 月第 1 次印刷
定　　价：39.00 元

凡所购买电子工业出版社图书有缺损问题，请向购买书店调换。若书店售缺，请与本社发行部联系，联系及邮购电话：（010）88254888，88258888。

质量投诉请发邮件至 zlts@phei.com.cn，盗版侵权举报请发邮件至 dbqq@phei.com.cn。

本书咨询联系方式：zhaoys@phei.com.cn。

前　言

当前，新一轮科技革命和产业变革加速演进，新一代信息技术、生物技术、新能源、新材料等与机器人技术深度融合，机器人融入了千行百业和人民生活，被广泛应用于工业、农业、国防、民生等领域。机器人产业蓬勃发展，已成为我国战略性新兴产业的独立细分门类。工业机器人在制造业应用场景中扮演着重要角色，成为推动传统制造业向智能制造转型升级的关键技术手段之一。协作机器人是工业机器人的新兴品类，1996 年，J.Edward Colgate 和 Michael Peshkin 教授首次提出协作机器人概念，2008 年，丹麦 Universal Robots（优傲机器人）推出协作机器人 UR5，成为全球范围内首款真正意义上的协作机器人。近年来，协作机器人保持着高速发展的态势。据有关机构预测，全球的协作机器人市场规模从 2017 年的 7.44 亿美元增长到 2023 年的 32.81 亿美元，年复合增长率为 31.9%，2026 年我国协作机器人市场销量有望突破 10 万台。随着机器人应用场景的增加、渗透率的快速提升，对相关领域工程技术的专业人才需求显著增加，具有扎实理论基础知识和专业实践技能的复合型人才更是紧俏。国家战略和产业发展的需要为机器人领域人才培养提出了"新考题"，机器人实训课程应当对新技术、新产业、新业态和新模式做出积极回应，顺应市场对人才的实际需求，丰富和完善实训课程内容，找到一条既符合"新工科"建设要求，又具有机器人行业应用特色的高素质人才培养路径。

本书作者长期在教学一线从事机器人实训教学和竞赛指导工作，有志将多年累积的实践教学经验编写成系列机器人教材，已于 2021 年出版了《仿人机器人实训教程》，此次出版的《协作机器人实训教程》既丰富了机器人实训课程体系，又是践行上述人才培养路径的有益尝试。

本书作为一门专门介绍协作机器人基础理论和应用的实训教程，旨在引导读者了解机器人领域中更灵活、更安全、更易于操作的协作机器人，简要介绍了协作机器人的基础特性、运动学基础、动力学基础、运动规划、运动控制方法等理论知识。本书主要介绍了协作机器人的功能特点、软硬件特征及多种编程方法，结合作者的协作机器人实践和竞赛培训经验，梳理了丰富而易于上手的实训案例。以图形化编程方法为开端，逐步引入脚本编程方法，介绍了新颖的远程连接控制方法，并基于 ROS 编程控制协作机械臂进行仿真和实训，给出了大量代码示例，并进行深入解析。实训示例层次性递进，逐步提高实训深度，可引导编程零基础或机器人零基础的学生迅速入门并掌握协作机器人的图形化编程和 ROS 编程技能，动手实现各种人机交互案例。本书是一本基于机器人应用设计的实践类教材，结构新颖合理，案例丰富翔实、深入浅出，对学生具有指导意义；本书也是一本跨学科教材，可作为高等学校人工智能、计算机、电子信息、机械电子等相关专业的实训教程和参考书，也可作为相关工程技术人员的参考书。

　　本书在编写过程中查阅和参考了大量国内外文献和书籍，限于篇幅未能在书后参考文献中一一列出，在此，编者对原作者表示真诚的感谢。本书在编写过程中得到了武汉大学大学生工程训练与创新实践中心的老师和武汉京天电器有限公司刘裕诗、程冰、郭吉阳、蔡元昊等同人的大力支持，以及电子工业出版社编辑的关心和帮助，在此一并表示衷心的感谢。由于编者水平有限，书中疏漏和不当之处在所难免，敬请读者提出宝贵意见。

胡明宇

2023 年 4 月于武汉珞珈山

目 录

第一部分 协作机器人概述

第一部分　协作机器人概述

第 1 章　绪论

协作机器人，顾名思义，就是机器人可以与人在生产线上协同作战，充分发挥机器人的效率及人类的智能。这种机器人不仅性价比高，而且安全方便，能够极大地促进制造业的发展。协作机器人作为一种新型的工业机器人，扫除了人机协作的障碍，让机器人彻底摆脱了护栏或围笼的束缚，其开创性的产品性能和广泛的应用领域，为工业机器人的发展开启了新时代。本书绪论以机器人学为切入点，进而阐明协作机器人的必要性，并对协作机器人的发展进行综述。

1.1　机器人学

机器人学是一个新兴的领域，它的诞生源自人类雄心勃勃的目标——创造出能像人类一样行动和思考的机器。这种创造智能机器的尝试自然而然地让人类首先审视自己。例如，我们的身体为什么会这样设计？我们的四肢是如何协调的？我们如何学习和执行复杂任务？机器人学的基本问题归根结底都是关于人类自己的问题，这也是机器人学如此吸引人、引人入胜的原因之一。

机器人学是一门多学科交叉的综合科学体系，包含控制工程、机械工程、生物工程、传感技术、电子电气工程和计算机科学等学科内容。随着近年来各学科的不断发展，机器人学的应用越来越广泛，机器人的种类也越来越多，如移动机器人、水下机器人、飞行机器人（无人机）、工业机械臂等，不同类型的机器人如图 1-1 所示，分别为 Clearpath Robotics 的 RIDGEBACK 移动机器人、大疆创新的飞行机器人、吉影科技的水下机器人和斗山集团（DOOSAN）的 m0609 工业机械臂。机器人具备高自动化程度、高灵活性和高精度的特点，在人类社会的生产、生活中扮演着越来越重要的角色，其应用遍布制造、服务、医疗等行业。

(a) 移动机器人　　　　　　　　　　　　　　(b) 飞行机器人

图 1-1　不同类型的机器人

（c）水下机器人

（d）工业机械臂

图 1-1 不同类型的机器人（续）

本书主要聚焦协作机器人，是工业机器人的一个分支。一般来说，工业机器人由 6 个子系统组成：机械结构系统、驱动系统、感知系统、机器人-环境交互系统、人机交互系统和控制系统。具体如下。

1．机械结构系统

从机械结构系统来看，工业机器人可以分为串联机器人和并联机器人两大类，如图 1-2 所示，前者以开环机构为机器人机构原型，后者是由一个或几个闭环组成的关节点坐标相互关联的机器人。二者相比较，并联机器人具有刚度大、结构稳定、承载能力大、微动精度高、运动负荷小的优点；串联机器人的工作空间更大、奇异点更少、灵活性更强。

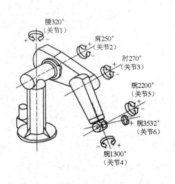

（a）串联机器人

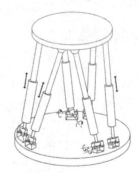

（b）并联机器人

图 1-2 工业机器人

2．驱动系统

驱动系统是向机械结构系统提供动力的装置。根据动力源不同，可分为液压式、气压式、电气式和机械式 4 种，其中气压式驱动具有速度快、系统结构简单、维修方便、价格低廉等优点，但其工作压强低，不易精确定位，故一般用于工业机器人末端执行器的驱动。电气式驱动是目前使用最多的一种驱动方式，具有响应快，驱动力大，信号检测、传递、处理方便等特点，可以采用多种灵活的控制方式。驱动电机一般采用步进电机或伺服电机，目前也有采用直接驱动电机的。

3．感知系统

机器人感知系统把机器人各种内部状态信息和环境信息从信号转变为机器人自身或机器人之间能够理解和应用的数据和信息。除了需要感知与自身工作状态相关的机械量，如位移、速度和力等，视觉感知技术也是工业机器人感知的一个重要方面，广泛应用于质量检测、识别工件、食品分拣、包装等领域。感知系统中智能传感器的使用提高了机器人的机动性、适应性和智能化水平。

4．机器人-环境交互系统

机器人-环境交互系统是实现机器人与外部环境中的设备相互联系、协调的系统。机器人与外部设备集成为一个功能单元，如加工制造单元、焊接单元、装配单元等。当然也可以是多台机器人集成为一个可以执行复杂任务的功能单元。

5．人机交互系统

人机交互系统是人与机器人进行联系和参与机器人控制的装置，如计算机的标准终端、指令控制台、信息显示板、危险信号报警器等。

6．控制系统

控制系统的任务是根据机器人的作业指令及从传感器反馈回来的信号，支配机器人的执行机构去完成规定的运动和功能。一般来说，控制系统会结合感知系统的反馈，设计为闭环控制系统。

由此可见，机器人学是一门综合性极强的交叉学科。而近年来，随着相关学科的飞速发展，工业机器人也逐渐摆脱了传统工厂自动化产线牢笼的桎梏，开启了人机协作的新时代。

1.2 协作机器人

传统工业机器人大多被部署于封闭的结构化环境中，如图 1-3 所示。一方面，通过离线编程的方式从事固定的、重复性的操作，效率低下，且无法适应复杂的、灵活性要求高的应用场景；另一方面，尽管人工智能技术取得了长足的进步，但最前沿的研究现状表明，目前的技术远不能为机器人提供通过感知、规划和控制在开放的环境中执行任务的完全自主能力，以使它们能够在智能制造、医疗手术等场景中成功地处理不可预测的事件或情况。

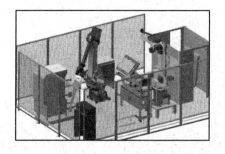

（a）汽车产线上的工业机器人　　　　　　　（b）加工、制造产线模拟图

图 1-3　传统工业机器人的工作场景

　　因此，现如今在大多数机器人应用中，人机协作（Human Robot Collaboration，HRC）已经成为机器人领域发展的一个重要趋势，即机器人通常由人类监督，前者承受任务的负载并执行重复性或已知的轨迹，而后者则提供出色的感知、决策和解决问题的能力，如图 1-4 所示。在需要面临复杂情况时，人类决策的介入可以提高机器人应用的灵活性；而在执行重复性或需要超过人类精度水平的任务时，机器人的自主性可以减少人类的工作量并提高任务准确度。因此，人机协作的方法可以更灵活地将机器人高精度的执行能力和人类高智能的决策能力相融合，兼顾待执行任务的精准度和灵活性。

图 1-4　人机协作新模式

　　协作意味着机器人可以和人类共同参与决策、规划和控制，这就对机器人自身的软硬件提出了更高的要求，如更高的可靠性、更准确的感知能力、更灵活自主的决策规划算法及更鲁棒的控制策略等。因此，以"四大家族"为代表的传统工业机械臂已不再满足现有需求，新兴的协作机器人逐渐兴起。

　　2005 年，致力于通过机器人技术增强 SMEs 劳动水平的 SME Project 项目开展，协作机器人发展迎来契机。同年，协作机器人企业优傲机器人（Universal Robots）在南丹麦大学创立。2008 年，世界第一款协作机器人优傲 5（Universal Robots 5，UR5）于丹麦诞生，被命名为"Cobot"，意味着机器人能与人进行安全的协作。同年，MIT（麻省理工学院）教授 Rodney Brooks 和 Ann Whitaker 联合创办了 Rethink Robotics，并在随后发布了第一款双臂协作机器人 Baxter，宣告了协作机器人时代的到来。至此，国内外机器人厂商纷纷进军协作机器人领域，其中，最具代表性的有国外的 ABB YuMi、KUKA iiwa、Franka Panda 和 Kinova jaco 等，以及国内的新松 SCR 系列、珞石 xMate 和节卡 Zu 系列等。图 1-5 所示为 UR5 协作机器人和 Baxter 双臂协作机器人。

（a）UR5

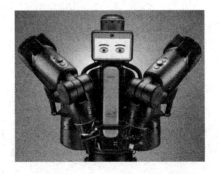

（b）Baxter

图 1-5　协作机器人

　　　　相比于传统的工业机器人，协作机器人的技术发展特点主要体现在易用性、灵活性、安全性 3 个方面。

　　　　易用性是机器人控制器设计的重中之重，涉及各类图形化编程、工艺包、示教方式、指令丰富程度、二次开发平台、系统扩展性（硬接口、软协议）、离线编程软件等。协作机器人的拖动示教功能特性免去了传统工业机器人复杂的编程和配置，使其操作更简单、易上手。

　　　　灵活性是协作机器人的灵魂所在。从软件层面来看，协作机器人系统多数具有学习和演化的能力，使产品具有适应性、灵活性，它们主要采用增强型学习方法规划，可实现多机协同作业；从硬件层面来看，目前协作机器人技术产品多数为 6 自由度及以上的多关节机器人，自重及负载都较小，产品安装方式及其移动部署相对灵活，适用于柔性、灵活度和精准度要求较高的行业，如电子、医药、精密仪器等，满足更多工业生产及服务行业的操作需要。

　　　　安全性作为实现人机协作一个前提条件，只有保障了操作人员的人身安全，才能更好地协同工作，提高生产、制造的效率。协作机器人企业通过开发确保安全的硬件或软件，或者二者兼备的方式确保实现人机协作。例如，优傲利用专利传感器技术实现功率和力的限制功能，能够监控电机的电流和编码器的位置，通过电流和位置数据，推算出力，实现协作机器人的功率和力的限制功能。ABB YuMi 在硬件上使用被软性材料包裹的塑料外壳，能够很好地吸收对外部的冲击；在软件上有运动速度和功率限制的设计，当它与操作人员或其他物体接触时，内置的传感器就能检测到，系统会采取相应的安全措施。Rethink 协作机器人产品通过搭载串联弹性驱动器（Series Elastic Actuator，SEA），将力矩控制转化为弹簧形变量控制，实现精确的力矩控制。发那科公司在底座上安装了力传感器，用来检测外力。博世协作机器人配备了机器人保护皮衣触觉检测装置（Automatic Production Assistants），检测受力情况并向控制器提供即时反馈，确保人员安全。由于协作机器人具有高安全性，适合人员介入的有限空间作业的场景大部分是装配作业，如电子产品装配，因此机器人负责码垛零件，操作人员负责组装零件。

　　　　值得一提的是，在全球工程机械领域享有盛名的韩国斗山集团于 2015 年成立了斗山机器人，正式进军协作机器人领域。凭借其在工程机械领域软硬件一体化能力的深厚积累，斗山机器人在自研基础上快速开发了协作机器人系统，使协作机器人可以与人类在同一工作空间中近距离互动，帮助人类和机器人通过最有效的方式执行任务，从而提高企业生产力。斗山协作机器人可以根据各行业企业的广泛需求进行开发与定制，旗下的 H、M、A 三个系列的协作机械臂，拥有 900～1700 mm 的工作半径，以及 5～25 kg 的负载能力，覆盖了绝大多数的协作机器人应用场景，斗山协作机器人系列如图 1-6 所示。与之前所述的机器人不同的是，斗山协作机器人借助其在动力学领域积累的技术能力，实现了更加准确的力感知能力，碰撞检测精度更高，而且可以根据场景划分不同的安全区域，安全性和交互能力更加突出。鉴于斗山机器人在协作机器人领域的代表性和突出性，本书中的算法及编程实例均以该机器人为例。

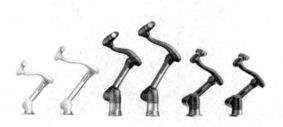

图 1-6　斗山协作机器人系列

第 2 章　机器人学简介：建模、规划和控制

从机械结构上看，机器人机构的基本元素是连杆和关节/铰链，由多个连杆通过运动副（关节或铰链）以串联的形式连接成首尾不封闭的机构，它往往以炫酷的外观给人极强的科技感。但是，如何用数学的形式深入而恰当地对机器人进行描述是研究人员更应该关注的。本章将对机器人学中的建模、规划和控制等基本概念和理论进行简要阐述，其中，机器人力控制是协作机器人最突出的特点，因此做重点论述。更详细的内容可以参见机器人学的相关教材。

2.1　运动学基础

机器人运动学包括正向运动学、逆向运动学和微分运动学。正向运动学即给定机器人各关节变量，计算机器人末端的位置和姿态；逆向运动学则已知机器人末端的位置和姿态，计算机器人对应位置的全部关节变量；微分运动学是指关节速度与末端执行器在笛卡儿空间中的线速度和角速度的关系。本节从最基础的刚体位姿描述开始，逐步对机器人的正向运动学、逆向运动学和微分运动学进行简要介绍。

2.1.1　刚体的描述

1）位姿的定义

刚体运动学是机器人学建模最基础的部分。机器人实际上是由一系列连杆组合而成的，这些连杆可以是旋转的，也可以是平移的，而这一个个连杆，就是刚体（Rigid Body）。

刚体可以由其在空间中相对参考坐标系的位置和姿态（简称位姿）进行完整的描述，如图 2-1 所示，令 $oxyz$ 为世界坐标系（参考坐标系），i、j、k 为坐标轴的单位向量，则刚体上的 $o'x'y'z'$ 为待描述刚体位姿。点 o' 的位置相对于世界坐标系的位置向量 o' 为

$$o'=o'_x i+o'_y j+o'_z k \tag{2-1}$$

式中，o'_x、o'_y、o'_z 均为标量，代表位置向量 o' 在世界坐标系上的 x、y、z 方向投影的长度，因此 o' 可以简写为

$$o'=\begin{bmatrix} o'_x \\ o'_y \\ o'_z \end{bmatrix} \tag{2-2}$$

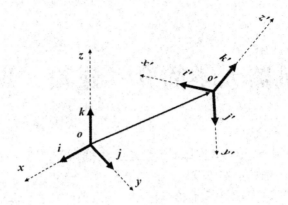

图 2-1　刚体位姿描述示意图

x'、y'、z'在世界坐标系中的表达为

$$
\begin{aligned}
x' &= x'_x i + x'_y j + x'_z k \\
y' &= y'_x i + y'_y j + y'_z k \\
z' &= z'_x i + z'_y j + z'_z k
\end{aligned}
\tag{2-3}
$$

因此，坐标系的姿态可以用 x'、y'、z'表示为

$$
R = \begin{bmatrix} x' & y' & z' \end{bmatrix} = \begin{bmatrix} x'_x & y'_x & z'_x \\ x'_y & y'_y & z'_y \\ x'_z & y'_z & z'_z \end{bmatrix}
\tag{2-4}
$$

上述矩阵 R 被称为旋转矩阵。由于 x'、y'、z'均为单位矩阵且彼此之间相互正交，因此有

$$
RR^{\mathrm{T}} = \begin{bmatrix} x' & y' & z' \end{bmatrix} \begin{bmatrix} x' \\ y' \\ z' \end{bmatrix} = I
\tag{2-5}
$$

式中，I 为单位矩阵。从上式可以看出 $R^{\mathrm{T}} = R^{-1}$。

有时为了紧凑，也可以采用 RPY 角对姿态进行表示，分别用 $R_Z(\alpha)$、$R_Y(\beta)$、$R_X(\gamma)$ 表示绕 z、y、x 轴分别旋转 α 度、β 度和 γ 度的旋转矩阵，即

$$
R = R_Z(\alpha) \cdot R_Y(\beta) \cdot R_X(\gamma)
\tag{2-6}
$$

式中

$$
R_Z(\alpha) = \begin{bmatrix} \mathrm{c}\alpha & -\mathrm{s}\alpha & 0 \\ \mathrm{s}\alpha & \mathrm{c}\alpha & 0 \\ 0 & 0 & 1 \end{bmatrix}, R_Y(\beta) = \begin{bmatrix} \mathrm{c}\beta & 0 & \mathrm{s}\beta \\ 0 & 1 & 0 \\ -\mathrm{s}\beta & 0 & \mathrm{c}\beta \end{bmatrix}, R_X(\gamma) = \begin{bmatrix} 1 & 0 & 0 \\ 0 & \mathrm{c}\gamma & -\mathrm{s}\gamma \\ 0 & \mathrm{s}\gamma & \mathrm{c}\gamma \end{bmatrix}
\tag{2-7}
$$

除此之外，对于姿态的描述形式，还有欧拉角、角轴和单位四元数等，限于篇幅，本书不再一一介绍，感兴趣的读者可以在前文推荐的机器人学书籍中找到相关的详细介绍。

2）齐次变换矩阵

前文描述了位姿的定义，为了使坐标系 $oxyz$ 和 $o'x'y'z'$的相对位姿可以在同一个框架下表

示，可以将旋转矩阵和位置向量放入同一个 4×4 的齐次变换矩阵，即

$$T = \begin{bmatrix} R & o' \\ 0 & 1 \end{bmatrix} = \begin{bmatrix} x'_x & y'_x & z'_x & o'_x \\ x'_y & y'_y & z'_y & o'_y \\ x'_z & y'_z & z'_z & o'_z \\ 0 & 0 & 0 & 1 \end{bmatrix} \tag{2-8}$$

齐次变换矩阵 T 完整地表示了图 2-1 中的坐标系 $o'x'y'z'$ 相对于世界坐标系 $oxyz$ 的变换关系。

齐次变换矩阵不仅可以描述 2 个坐标系之间的相对位姿，在点或向量的坐标变换中也起了十分重要的作用。在图 2-2 中，假设坐标系 $o'x'y'z'$ 原点在坐标系 $oxyz$ 中的位置用向量 $^oP_{o'}$ 表示，且坐标系 $o'x'y'z'$ 相对于坐标系 $oxyz$ 的姿态用旋转矩阵 $^o_{o'}R$ 表示，向量 P 在坐标系 $o'x'y'z'$ 中的表达为 $^{o'}P$，则其映射到坐标系 $oxyz$ 中为

$$^oP = {}^o_{o'}R\,{}^{o'}P + {}^oP_{o'} \tag{2-9}$$

为了简化表达，将向量扩充至 4 维，用齐次变换矩阵就可以完成上述操作：

$$\begin{bmatrix} ^oP \\ 1 \end{bmatrix} = \begin{bmatrix} ^o_{o'}R & ^oP_{o'} \\ 0 & 1 \end{bmatrix} \begin{bmatrix} ^{o'}P \\ 1 \end{bmatrix} = T \begin{bmatrix} ^{o'}P \\ 1 \end{bmatrix} \tag{2-10}$$

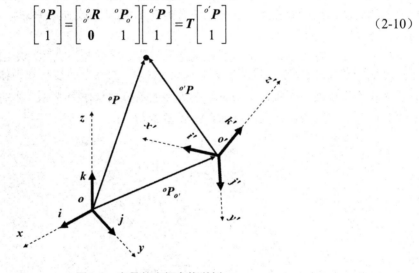

图 2-2　向量的坐标变换举例

2.1.2　正向运动学

本节介绍机械臂的正向运动学，也就是要找到一系列刚体经过坐标变换后末端坐标系相对于世界坐标系的关系，从数学角度来讲，就是把机械臂各关节的旋转角度作为函数自变量，将末端执行器或机械臂中某一关节或某一感兴趣的点的位姿在世界坐标系下表示出来。

1）连杆的参数化描述

以串联机械臂为例，每相邻的 2 个连杆之间都由某种关节相连接，仅用 4 个参数即可描述连接关系和连杆自身的特性。其中，连杆的长度 a 和 2 个连杆轴线的相对转角 α 可以看作连杆本身的特性，如图 2-3 所示。图中的 a_i 和 a_{i-1} 表示连杆 i 和连杆 i-1 的长度，α_{i-1} 表示轴线 i 和轴线 i-1 的转角。

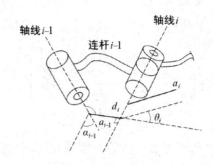

图 2-3 连杆运动学参数

另外 2 个参数是关节形式及连杆连接位置的体现，即连杆之间的相对偏距 d 和关节角 θ，d_i 表示连杆 $i-1$ 和连杆 i 之间的偏移，而 θ_i 表示前文中的 a_{i-1} 的延长线按右手定则绕关节轴线 i 旋转至 a_i 的角度，即使得相邻的 2 个连杆的公垂线重合。

对串联机器人而言，这 4 个参数中只有 1 个参数是变化的，将其称为关节变量；对转动关节而言，关节角 θ 是关节变量。上述 4 个运动学参数即 D-H 参数。

2）改进的 D-H 坐标变换

通过 4 个 D-H 参数可以将 2 个连杆坐标系之间的关系完整地描述出来，机器人学中常用 D-H 法进行二者的坐标变换。D-H 法包含标准 D-H 法和改进 D-H 法，本书采用改进 D-H 法进行推导。

（1）建立连杆坐标系。从机器人基座开始为连杆编号，据此，对固联在连杆上的坐标系进行命名，即连杆 i 上的固联坐标系为坐标系 $\{i\}$。坐标系的建立规则如下：将关节轴线的单位向量作为坐标系的 Z 轴，关节轴线公垂线的单位向量作为 X 轴，Z 轴和 X 轴确定好后，用右手定则确定 Y 轴，连杆坐标系示意图如图 2-4 所示。

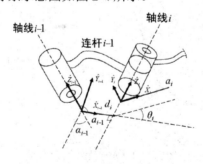

图 2-4 连杆坐标系示意图

（2）确定 D-H 参数。建立各连杆的固联坐标系之后，通过坐标系即可描述连杆的 4 个 D-H 参数，如表 2-1 所示。

表 2-1 DH 参数定义

D-H 参数	含 义
a_{i-1}	$\hat{Z}_{i-1}$ 沿 $\hat{X}_{i-1}$ 移动到 $\hat{Z}_i$ 的距离
α_{i-1}	$\hat{Z}_{i-1}$ 绕 $\hat{X}_{i-1}$ 转动至 $\hat{Z}_i$ 的角度
d_i	$\hat{X}_{i-1}$ 沿 $\hat{Z}_i$ 移动到 $\hat{X}_i$ 的距离
θ_i	$\hat{X}_{i-1}$ 绕 $\hat{Z}_i$ 转动到 $\hat{X}_i$ 的角度

（3）导出正向运动学方程。写出由上一连杆坐标系到下一连杆坐标系的齐次变换矩阵，将坐标系 $\{i-1\}$ 变换到坐标系 $\{i\}$ 可以看作如下过程。

①将坐标系 $\{i-1\}$ 绕着 $\hat{X}_{i-1}$ 旋转角度 α_{i-1}，使 2 个坐标系的 Z 轴平行；

②将其沿 $\hat{X}_{i-1}$ 移动 a_{i-1}，使 2 个坐标系的 Z 轴重合；

③将上述变换后的坐标系绕着 $\hat{Z}_i$ 旋转角度 θ_i，使 2 个坐标系的 X 轴平行；

④沿着 $\hat{Z}_i$ 移动 d_i 即可使 2 个坐标系完全重合。

步骤①、②及步骤③、④可以分别合在一起用一个齐次变换矩阵来表示，因此相邻 2 个连杆坐标系的齐次变换矩阵为

$$
\begin{aligned}
{}^{i}_{i-1}\boldsymbol{T} &= \boldsymbol{R}_{\hat{X}_{i-1}}(\alpha_{i-1})\boldsymbol{D}_{\hat{X}_{i-1}}(a_{i-1})\boldsymbol{R}_{\hat{Z}_i}(\theta_i)\boldsymbol{D}_{\hat{Z}_i}(d_i) \\
&= \begin{bmatrix} 1 & 0 & 0 & a_{i-1} \\ 0 & c\alpha_{i-1} & -s\alpha_{i-1} & 0 \\ 0 & s\alpha_{i-1} & c\alpha_{i-1} & 0 \\ 0 & 0 & 0 & 1 \end{bmatrix}\begin{bmatrix} c\theta_i & -s\theta_i & 0 & 0 \\ s\theta_i & c\theta_i & 0 & 0 \\ 0 & 0 & 1 & d_i \\ 0 & 0 & 0 & 1 \end{bmatrix} \\
&= \begin{bmatrix} c\theta_i & -s\theta_i & 0 & a_{i-1} \\ s\theta_i c\alpha_{i-1} & c\theta_i c\alpha_{i-1} & -s\alpha_{i-1} & -s\alpha_{i-1}d_i \\ s\theta_i s\alpha_{i-1} & c\theta_i s\alpha_{i-1} & c\alpha_{i-1} & c\alpha_{i-1}d_i \\ 0 & 0 & 0 & 1 \end{bmatrix}
\end{aligned} \tag{2-11}
$$

3）D-H 参数表和正向运动学

在确定了相邻 2 个连杆坐标系的关系之后，将各连杆坐标系进行串联，即可得到从世界坐标系到末端坐标系的坐标变换关系。本节以斗山 A0509s 协作机械臂为例，对 6 轴协作机器人的正向运动学进行说明。

图 2-5 和图 2-6（a）分别展示了斗山 A0509s 协作机械臂的外观和参数示意图，从官方文件中可以查到 l 和 d 的数值，如表 2-2 所示。

表 2-2　斗山 A0509s 协作机械臂的几何参数

参　数	数值/mm
l_1	155.5
l_2	409
l_3	367
d_2	0
l_4	127

图 2-5　斗山 A0509s 协作机械臂的外观

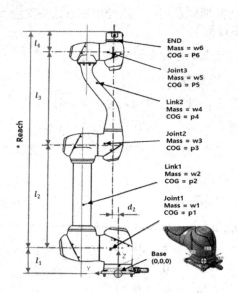

（a）官方文件提供的几何参数示意图

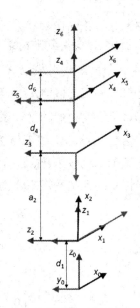

（b）改进的 D-H 坐标系建模

图 2-6　斗山 A0509s 协作机械臂运动学参数示意图

根据改进的 D-H 坐标系建立方法，建立了如图 2-6（b）所示的机器人 D-H 坐标系。结合坐标系模型和官方提供的几何参数可得到如表 2-3 所示的 D-H 参数表。

表 2-3　D-H 参数表

关　节	θ_i	α_{i-1}	a_{i-1}	d_i
1	θ_1	0	0	155.5
2	θ_2+90	−90	0	0
3	θ_3	0	409	0
4	θ_4	90	0	367
5	θ_5	−90	0	0
6	θ_6	90	0	127

若要求从世界坐标系到末端坐标系的齐次变换矩阵 $_6^0\boldsymbol{T}$，则可将各连杆的齐次变换矩阵依次右乘，得到

$$_6^0\boldsymbol{T} =_1^0\boldsymbol{T}(\theta_1)_2^1\boldsymbol{T}(\theta_2)_3^2\boldsymbol{T}(\theta_3)_4^3\boldsymbol{T}(\theta_4)_5^4\boldsymbol{T}(\theta_5)_6^5\boldsymbol{T}(\theta_6) = \begin{bmatrix} n_x & o_x & a_x & p_x \\ n_y & o_y & a_y & p_y \\ n_z & o_z & a_z & p_z \\ 0 & 0 & 0 & 1 \end{bmatrix} \tag{2-12}$$

式中

$n_x = s_6 \cdot (c_4 \cdot s_1 - s_4 \cdot (c_1 \cdot c_2 \cdot c_3 - c_1 \cdot s_2 \cdot s_3)) - c_6 \cdot (s_5 \cdot (c_1 \cdot c_2 \cdot s_3 + c_1 \cdot c_3 \cdot s_2) - c_5 \cdot (s_1 \cdot s_4 + c_4 \cdot (c_1 \cdot c_2 \cdot c_3 - c_1 \cdot s_2 \cdot s_3)))$

$n_y = -c_6 \cdot (s_5 \cdot (c_2 \cdot s_1 \cdot s_3 + c_3 \cdot s_1 \cdot s_2) + c_5 \cdot (c_1 \cdot s_4 - c_4 \cdot (c_2 \cdot c_3 \cdot s_1 - s_1 \cdot s_2 \cdot s_3))) - s_6 \cdot (c_1 \cdot c_4 + s_4 \cdot (c_2 \cdot c_3 \cdot s_1 - s_1 \cdot s_2 \cdot s_3))$

$n_z = s_4 \cdot s_6 \cdot (c_2 \cdot s_3 + c_3 \cdot s_2) - c_6 \cdot (s_5 \cdot (c_2 \cdot c_3 - s_2 \cdot s_3) + c_4 \cdot c_5 \cdot (c_2 \cdot s_3 + c_3 \cdot s_2))$

$o_x = s_6 \cdot (s_5 \cdot (c_1 \cdot c_2 \cdot s_3 + c_1 \cdot c_3 \cdot s_2) - c_5 \cdot (s_1 \cdot s_4 + c_4 \cdot (c_1 \cdot c_2 \cdot c_3 - c_1 \cdot s_2 \cdot s_3))) + c_6 \cdot (c_4 \cdot s_1 - s_4 \cdot (c_1 \cdot c_2 \cdot c_3 - c_1 \cdot s_2 \cdot s_3))$

$o_y = s_6 \cdot (s_5 \cdot (c_2 \cdot s_1 \cdot s_3 + c_3 \cdot s_1 \cdot s_2) + c_5 \cdot (c_1 \cdot s_4 - c_4 \cdot (c_2 \cdot c_3 \cdot s_1 - s_1 \cdot s_2 \cdot s_3))) - c_6 \cdot (c_1 \cdot c_4 + s_4 \cdot (c_2 \cdot c_3 \cdot s_1 - s_1 \cdot s_2 \cdot s_3))$

$o_z = s_6 \cdot (s_5 \cdot (c_2 \cdot c_3 - s_2 \cdot s_3) + c_4 \cdot c_5 \cdot (c_2 \cdot s_3 + c_3 \cdot s_2)) + c_6 \cdot s_4 \cdot (c_2 \cdot s_3 + c_3 \cdot s_2)$

$a_x = -c_5 \cdot (c_1 \cdot c_2 \cdot s_3 + c_1 \cdot c_3 \cdot s_2) - s_5 \cdot (s_1 \cdot s_4 + c_4 \cdot (c_1 \cdot c_2 \cdot c_3 - c_1 \cdot s_2 \cdot s_3))$

$a_y = s_5 \cdot (c_1 \cdot s_4 - c_4 \cdot (c_2 \cdot c_3 \cdot s_1 - s_1 \cdot s_2 \cdot s_3)) - c_5 \cdot (c_2 \cdot s_1 \cdot s_3 + c_3 \cdot s_1 \cdot s_2)$

$a_z = c_4 \cdot s_5 \cdot (c_2 \cdot s_3 + c_3 \cdot s_2) - c_5 \cdot (c_2 \cdot c_3 - s_2 \cdot s_3)$

$p_x = a_2 \cdot c_1 \cdot c_2 - d_4 \cdot (c_1 \cdot c_2 \cdot s_3 + c_1 \cdot c_3 \cdot s_2)$

$p_y = -d_4 \cdot (c_2 \cdot s_1 \cdot s_3 + c_3 \cdot s_1 \cdot s_2) + a_2 \cdot c_2 \cdot s_1$

$p_z = -a_2 \cdot s_2 - d_4 \cdot (c_2 \cdot c_3 - s_2 \cdot s_3)$

s 代表 sin 函数，c 代表 cos 函数。为方便表达，令 $s_i = \sin\theta_i$，$c_i = \cos\theta_i$，$i = 1,2,\cdots,6$。

2.1.3　逆向运动学

逆向运动学是指给定末端位姿，求解期望关节角。逆解主要包括解析法和数值法两种，本节主要介绍解析法，即通过函数关系进行求解。数值法将在 2.1.4 节的末尾给出简要说明。

由正向运动学可知，坐标系{5}的位置只和关节 1、2、3 有关，根据式（2-11）和式（2-12）可得

$$p_x = c_1(a_2 c_2 - d_4 s_{23})$$
$$p_y = s_1(a_2 c_2 - d_4 s_{23}) \tag{2-13}$$
$$p_z = -a_2 s_2 - d_4 c_{23}$$

式中

$$c_{23} = \cos(\theta_2 + \theta_3)$$
$$s_{23} = \sin(\theta_2 + \theta_3)$$

求解关节 3

将式（2-13）左右两端同时平方并相加，则有

$$p_x^2 + p_y^2 + p_z^2 = a_2^2 + d_4^2 - 2a_2 d_4 s_3$$

因此

$$\sin\theta_3 = \frac{a_2^2 + d_4^2 - (p_x^2 + p_y^2 + p_z^2)}{2a_2 d_4}$$

可得 θ_3 有如下 2 组解：

当 $\theta_{3,\mathrm{I}} \in [0,\pi]$ 时，有 $\theta_{3,\mathrm{II}} = \pi - \theta_{3,\mathrm{I}}$；

当 $\theta_{3,\mathrm{I}} \in [-\pi,0]$ 时，有 $\theta_{3,\mathrm{II}} = -\pi - \theta_{3,\mathrm{I}}$。

求解关节 2

令

$$p_{xy} = \sqrt{p_x{}^2 + p_y{}^2}$$

重新整理式（2-13）得

$$a_2 c_2 - d_4 s_{23} = \pm p_{xy}$$
$$a_2 s_2 + d_4 c_{23} = -p_z$$

利用三角函数展开得

$$c_2 d_4 c_3 - c_2(a_2 - d_4 s_3) \pm p_{xy} = 0$$
$$c_2 d_4 c_3 + s_2(a_2 - d_4 s_3) + p_z = 0$$

令

$$X_1 = d_4 c_3$$
$$X_2 = a_2 - d_4 s_3$$
$$X_3 = p_z$$
$$X_4 = \pm p_{xy}$$

由于 θ_3 已知，故针对每个 θ_3 都有 2 组解（由于 p_{xy} 的正负号）：

$$\theta_2 = \text{Atan} 2\left(-X_1 X_4 - X_2 X_3,\ X_2 X_4 - X_1 X_3\right)$$

故 θ_2 和 θ_3 共有 4 组解。

求解关节 1

由式（2-13）前 2 个式子，整理得

$$s_1(a_2 c_2 - d_4 s_{23}) - p_y = 0$$
$$-c_1(a_2 c_2 - d_4 s_{23}) + p_x = 0$$

同求解 θ_2 时的解法一样，令

$$Y_1 = 0$$
$$Y_2 = a_2 c_3 - d_4 s_{23}$$
$$Y_3 = -p_y$$
$$Y_4 = p_x$$

代入 θ_2 和 θ_3 可得

$$\theta_1 = \text{Atan} 2\left(-Y_1 Y_4 - Y_2 Y_3,\ Y_2 Y_4 - Y_1 Y_3\right)$$

综上，关节 3 有 2 个解，每个解又对应关节 2 的 2 个解，每个关节 3、关节 2 的解又对应关节 1 的 1 个解，这样前 3 个关节便有 4 组解。

求解关节 4、5、6

求出前 3 个关节之后，即可计算出经过前 3 个关节旋转后（坐标系 0 到坐标系 3）的齐

次变换矩阵为

$$_3^0 \boldsymbol{T} =_1^0 \boldsymbol{T}(\theta_1)_2^1 \boldsymbol{T}(\theta_2)_3^2 \boldsymbol{T}(\theta_3)$$

根据末端坐标系的齐次变换矩阵，可求得经过后 3 个关节变换后（坐标系 4 到坐标系 6）的齐次变换矩阵为

$$_6^3 \boldsymbol{T} =_3^0 \boldsymbol{T}^{-1} \cdot_6^0 \boldsymbol{T} = \begin{bmatrix} n_x^3 & s_x^3 & a_x^3 & p_x^3 \\ n_y^3 & s_y^3 & a_y^3 & p_y^3 \\ n_z^3 & s_z^3 & a_z^3 & p_z^3 \\ 0 & 0 & 0 & 1 \end{bmatrix}$$

同时，根据后 3 个关节的齐次变换矩阵，即可得出如下关系：

$$\begin{bmatrix} c_4 c_5 c_6 - s_4 s_6 & -c_4 c_5 s_6 - s_4 c_6 & -c_4 s_5 & 0 \\ s_5 c_6 & -s_5 s_6 & c_5 & d_4 \\ -s_4 c_5 c_6 - c_4 s_6 & s_4 c_5 s_6 - c_4 c_6 & s_4 s_5 & 0 \\ 0 & 0 & 0 & 1 \end{bmatrix} = \begin{bmatrix} n_x^3 & s_x^3 & a_x^3 & p_x^3 \\ n_y^3 & s_y^3 & a_y^3 & p_y^3 \\ n_z^3 & s_z^3 & a_z^3 & p_z^3 \\ 0 & 0 & 0 & 1 \end{bmatrix}$$

根据 9 个等式的对应关系，即可求出关节 4、5、6 的一组解为

$$\theta_4 = \text{Atan} 2\left(a_z^3, -a_x^3\right)$$

$$\theta_5 = \text{Atan} 2\left(\sqrt{\left(a_x^3\right)^2 + \left(a_z^3\right)^2}, a_y^3\right)$$

$$\theta_6 = \text{Atan} 2\left(-s_y^3, n_y^3\right)$$

另一组解为

$$\theta_4 = \text{Atan} 2\left(-a_z^3, a_x^3\right)$$

$$\theta_5 = \text{Atan} 2\left(-\sqrt{\left(a_x^3\right)^2 + \left(a_z^3\right)^2}, a_y^3\right)$$

$$\theta_6 = \text{Atan} 2\left(s_y^3, -n_y^3\right)$$

前 3 个关节有 4 组解，后 3 个关节有 2 组解，对其进行组合，可算出全部的 8 组解。可以根据不同的原则，如距障碍物的距离、距当前位置的欧氏距离等，从 8 组解中选取一组作为最终答案。

2.1.4　微分运动学

微分运动学是指关节速度 $\dot{\boldsymbol{q}}$ 与末端执行器在笛卡儿空间中的线速度 $\dot{\boldsymbol{p}}_e$ 和角速度 $\boldsymbol{\omega}_e$ 的关系。可以证明，二者的映射是线性的，即

$$\boldsymbol{v}_e = \begin{bmatrix} \dot{\boldsymbol{p}}_e \\ \boldsymbol{\omega}_e \end{bmatrix} = \begin{bmatrix} \boldsymbol{J}_P(\boldsymbol{q}) \\ \boldsymbol{J}_O(\boldsymbol{q}) \end{bmatrix} \dot{\boldsymbol{q}} = \boldsymbol{J}(\boldsymbol{q}) \dot{\boldsymbol{q}} \tag{2-14}$$

式中，矩阵 $\boldsymbol{J}_P$ 和矩阵 $\boldsymbol{J}_O$ 分别为关节速度 $\dot{\boldsymbol{q}}$ 到末端执行器线速度分量 $\dot{\boldsymbol{p}}_e$ 和角速度分量 $\boldsymbol{\omega}_e$ 的函

数映射。矩阵 $\boldsymbol{J}(\boldsymbol{q})=\left[\boldsymbol{J}_P(\boldsymbol{q})\,;\boldsymbol{J}_O(\boldsymbol{q})\right]^{\mathrm{T}}$ 为关节变量的函数，称为机器人的**雅可比矩阵**（Geometry Jacobian Matrix）。

图 2-7 所示为机器人微分运动示意图，O_i 表示第 i 个关节的世界坐标系原点，$\dot{\theta}_i$、z_i 分别表示第 i 个转动关节的角速度和线速度，$\dot{d}_i z_i$ 表示移动关节的线速度，$\dot{p}_e$ 和 ω_e 分别表示末端执行器在笛卡儿空间中的线速度和角速度。

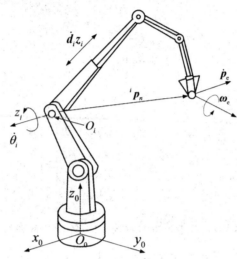

图 2-7　机器人微分运动示意图

末端位置 $\boldsymbol{p}_e$ 对时间的导数可以写为

$$\dot{\boldsymbol{p}}_e=\sum_{i=1}^n\frac{\partial \boldsymbol{p}_e}{\partial \boldsymbol{q}_i}\dot{\boldsymbol{q}}_i=\sum_{i=1}^n\boldsymbol{J}_{P_i}\dot{\boldsymbol{q}}_i \tag{2-15}$$

注意对线速度的计算是末端执行器相对世界坐标进行的，有

$$\dot{\boldsymbol{q}}_i\boldsymbol{J}_{P_i}=\boldsymbol{\omega}_{i-1,i}\times\boldsymbol{r}_{i-1}=\dot{\theta}_i\boldsymbol{z}_{i-1}\times\left(\boldsymbol{p}_e-\boldsymbol{p}_{i-1}\right) \tag{2-16}$$

从而有

$$\boldsymbol{J}_{P_i}=\boldsymbol{z}_{i-1}\times\left(\boldsymbol{p}_e-\boldsymbol{p}_{i-1}\right) \tag{2-17}$$

对于角速度，有

$$\boldsymbol{\omega}_e=\boldsymbol{\omega}_n=\sum_{i=1}^n\boldsymbol{\omega}_{i-1,i}=\sum_{i=1}^n\boldsymbol{J}_{O_i}\dot{\boldsymbol{q}}_i \tag{2-18}$$

对于转动关节，有

$$\dot{\boldsymbol{q}}_i\boldsymbol{J}_{O_i}=\dot{\theta}_i\boldsymbol{z}_{i-1} \tag{2-19}$$

从而有

$$\boldsymbol{J}_{O_i}=\boldsymbol{z}_{i-1} \tag{2-20}$$

综上所述，雅可比矩阵可写成按如下形式被分块为 3×1 的列向量 J_{P_i} 和 J_{O_i}：

$$J = \begin{bmatrix} J_1 & \cdots & J_6 \end{bmatrix} = \begin{bmatrix} J_{P_1} & \cdots & J_{P_6} \\ J_{O_1} & \cdots & J_{O_6} \end{bmatrix} \quad (2\text{-}21)$$

式中

$$\begin{bmatrix} J_{P_i} \\ J_{O_i} \end{bmatrix} = \begin{bmatrix} z_{i-1} \times (p_e - p_{i-1}) \\ z_{i-1} \end{bmatrix} \quad (2\text{-}22)$$

注意，p_e、p_{i-1} 和 z_{i-1} 为世界坐标系下的变量，会随着关节角的改变而改变，因此雅可比矩阵 J 是关节角 q 的函数。

计算出雅可比矩阵以后，若雅可比矩阵满秩，则将式（2-14）等号两边分别左乘雅可比矩阵的逆 $J^{-1}(q)$，得到将关节速度 $\dot{q}$ 表示为末端执行器的线速度 $\dot{p}_e$ 和角速度 ω_e 的函数逆映射，即

$$\dot{q} = J^{-1}(q) v_e = J^{-1}(q) \begin{bmatrix} \dot{p}_e \\ \omega_e \end{bmatrix} \quad (2\text{-}23)$$

除了末端笛卡儿空间和关节速度的相互映射，雅可比矩阵还可以用于静力的映射。

应用虚功原理，有

$$\tau^{\mathrm{T}} \dot{q} = F^{\mathrm{T}} v_e \quad (2\text{-}24)$$

式中，τ 和 F 分别代表关节力矩和末端所受外部六维力。

代入式（2-14）得

$$\tau^{\mathrm{T}} \dot{q} = F^{\mathrm{T}} J(q) \dot{q} \quad (2\text{-}25)$$

因此，得到关节力矩和末端所受外部六维力的关系：

$$\tau = J^{\mathrm{T}} F$$
$$F = J^{-\mathrm{T}} \tau \quad (2\text{-}26)$$

当机械臂初始的关节角 $q(0)$ 已知时，关节位置可以通过速度对时间的积分进行计算，即

$$q(t) = \int_0^t \dot{q}(\varsigma) \mathrm{d}\varsigma + q(0) \quad (2\text{-}27)$$

在计算机中，积分项可以通过数值的方法对时间离散化进行实现。最简单的方法就是根据欧拉积分法，给定积分时间间隔 Δt，采用线性的方式进行积分，即

$$q(t_{k+1}) = q(t_k) + \dot{q}(t_k) \Delta t \quad (2\text{-}28)$$

式（2-28）表明，通过逆微分运动学实时更新关节速度，实时迭代关节角，最终可以实现运动学的逆解。算法伪代码如下。

算法 2.1：运动学逆解数值算法
开始：
输入：初值 $\boldsymbol{q}_0$，目标位姿 $\boldsymbol{x}_d$，容许误差 δ，步长 λ
正向运动学计算初值 $\boldsymbol{q}_0$ 对应的末端位姿 $\boldsymbol{x}_0 = \begin{bmatrix} x & y & z & R & P & Y \end{bmatrix} = FK(\boldsymbol{q}_0)$
While ($\boldsymbol{x}_d - \boldsymbol{x}_i > \delta$)
计算雅可比矩阵 $\boldsymbol{J}(\boldsymbol{q})$
更新 $\boldsymbol{q}_{i+1} = \boldsymbol{q}_i + \lambda \boldsymbol{J}(\boldsymbol{q})^{-1}(\boldsymbol{x}_d - \boldsymbol{x}_i)$
更新 $\boldsymbol{x}_{i+1} = FK(\boldsymbol{q}_{i+1})$
$i=i+1$
End while
输出：关节逆解 $\boldsymbol{q}_d$
结束

该算法不限于机器人的结构，应用更加广泛。但也存在一些问题，如数值解不稳定、收敛慢等，而且当机器人发生奇异，即 $\boldsymbol{J}(\boldsymbol{q})$ 不满秩时，无法求解。

2.2　关节动力学基础

机器人动力学描述的是连杆关节输出力矩与各连杆运动状态（位置、速度、加速度）关系的函数。

对于串联型机械臂，动力学建模方法主要有拉格朗日法（Lagrangian）和牛顿-欧拉法（Newton-Euler）两种。前者从能量角度出发，通过对系统动能和势能做差构建拉格朗日函数，并对机器人的广义坐标求梯度来建立机器人动力学方程，概念简单且系统，但当机器人的自由度较高时，该形式的动力学符号解将变得十分复杂。

牛顿-欧拉法建立在机器人各连杆之间的力平衡关系的基础上，通过递归的形式逐个分析各连杆，最终得到整个机器人的动力学方程。就计算效率而言，牛顿-欧拉法的时间复杂度 $O(n)$ 要远低于拉格朗日法的时间复杂度 $O(n^4)$，所以对于多自由度机器人系统，牛顿-欧拉法存在巨大优势。本书采用牛顿-欧拉法进行动力学建模的讲解，以相邻的 2 个连杆为例，对牛顿-欧拉法动力学建模进行简要介绍，如图 2-8 所示。

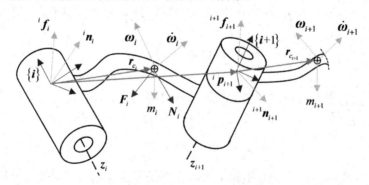

图 2-8　牛顿-欧拉法连杆递推示意图

2.2.1　运动状态的正向递推

首先从基座到末端正向推导各连杆的速度/加速度。
角速度递推：

$$^{i+1}\boldsymbol{\omega}_{i+1} = {}_{i}^{i+1}\boldsymbol{R}^{i}\boldsymbol{\omega}_{i} + \dot{q}_{i+1}{}^{i+1}\boldsymbol{z}_{i+1} \tag{2-29}$$

角加速度递推：

$$^{i+1}\dot{\boldsymbol{\omega}}_{i+1} = {}_{i}^{i+1}\boldsymbol{R}^{i}\dot{\boldsymbol{\omega}}_{i} + {}_{i}^{i+1}\boldsymbol{R}^{i}\boldsymbol{\omega}_{i} \times \dot{q}_{i+1}{}^{i+1}\boldsymbol{z}_{i+1} + \ddot{q}_{i+1}{}^{i+1}\boldsymbol{z}_{i+1} \tag{2-30}$$

线加速度递推：

$$^{i+1}\boldsymbol{a}_{i+1} = {}_{i}^{i+1}\boldsymbol{R}\left({}^{i}\boldsymbol{a}_{i} + {}^{i}\boldsymbol{\omega}_{i} \times {}^{i}\boldsymbol{p}_{i+1} + {}^{i}\dot{\boldsymbol{\omega}}_{i} \times \left({}^{i}\boldsymbol{\omega}_{i} \times {}^{i}\boldsymbol{p}_{i+1}\right)\right) \tag{2-31}$$

质心处线加速度递推：

$$^{i+1}\boldsymbol{a}_{c_{i+1}} = {}^{i+1}\boldsymbol{a}_{i+1} + {}^{i+1}\dot{\boldsymbol{\omega}}_{i+1} \times {}^{i+1}\boldsymbol{r}_{c_{i+1}} + {}^{i+1}\boldsymbol{\omega}_{i+1} \times \left({}^{i+1}\boldsymbol{\omega}_{i+1} \times {}^{i+1}\boldsymbol{r}_{c_{i+1}}\right) \tag{2-32}$$

在上述符号变量中，左上标表示描述该变量的坐标系，右下标表示该变量隶属的连杆。例如，$^{i}\boldsymbol{p}_{i+1}$ 表示坐标系 $\{i\}$ 与 $\{i+1\}$ 原点间的距离向量，$^{i+1}\boldsymbol{z}_{i+1}$ 表示关节 $i+1$ 的轴线方向，$^{i+1}\boldsymbol{r}_{c_{i+1}}$ 表示关节 $i+1$ 质心在坐标系 $\{i+1\}$ 中的向量。特别地，$_{i}^{i+1}\boldsymbol{R}$ 表示坐标系 $\{i\}$ 与 $\{i+1\}$ 的相对旋转变换矩阵，$\boldsymbol{\omega}$ 和 $\dot{\boldsymbol{\omega}}$ 代表连杆角速度和角加速度，$\dot{q}$ 和 $\ddot{q}$ 代表关节速度和关节加速度。

2.2.2　力的反向递推

得到了各连杆的运动状态之后，即可从末端连杆反向逐个分析各连杆的受力情况，从而计算各关节的理论输出力矩。
连杆 i 质心处的惯性力：

$$\boldsymbol{F}_{i} = m_{i}{}^{i}\boldsymbol{a}_{c_{i}} + {}^{i}\dot{\boldsymbol{\omega}}_{c_{i}} \times {}^{i}\boldsymbol{r}_{c_{i}} + {}^{i}\boldsymbol{\omega}_{i} \times \left({}^{i}\boldsymbol{\omega}_{i} \times {}^{i}\boldsymbol{r}_{c_{i}}\right) \tag{2-33}$$

连杆 i 质心处的惯性力矩：

$$\boldsymbol{N}_{i} = \boldsymbol{K}_{w}\left({}^{i}\dot{\boldsymbol{\omega}}_{i}\right){}^{i}\boldsymbol{I} + {}^{i}\boldsymbol{\omega}_{i} \times \left(\boldsymbol{K}_{w}\left({}^{i}\boldsymbol{\omega}_{i}\right){}^{i}\boldsymbol{I}\right) + {}^{i}\boldsymbol{r}_{c_{i}} \times {}^{i}\boldsymbol{a}_{i} \tag{2-34}$$

连杆 i 关节处的作用力：

$$^{i}\boldsymbol{f}_{i} = {}_{i+1}^{i}\boldsymbol{R}^{i+1}\boldsymbol{f}_{i+1} + \boldsymbol{F}_{i} \tag{2-35}$$

连杆 i 关节处的作用力矩：

$$^{i}\boldsymbol{n}_{i} = {}_{i+1}^{i}\boldsymbol{R}^{i+1}\boldsymbol{n}_{i+1} + \boldsymbol{N}_{i} + {}^{i}\boldsymbol{p}_{i+1} \times \left({}_{i+1}^{i}\boldsymbol{R}^{i+1}\boldsymbol{f}_{i+1}\right) \tag{2-36}$$

关节 i 处合力矩向关节 i 轴线方向投影，得到关节 i 的驱动力矩：

$$\boldsymbol{\tau}_{i} = {}^{i}\boldsymbol{z}_{i}{}^{i}\boldsymbol{n}_{i} \tag{2-37}$$

在上述符号变量中，m_{i} 表示连杆 i 的质量，$^{i}\boldsymbol{I}$ 表示连杆 i 的惯性矩，$\boldsymbol{K}_{w}$ 表示转换函数：

$$K_{\mathrm{w}}(x) = \begin{bmatrix} x(1) & -x(2) & -x(3) & 0 & 0 & 0 \\ 0 & -x(1) & 0 & x(2) & -x(3) & 0 \\ 0 & 0 & -x(1) & 0 & -x(2) & x(3) \end{bmatrix} \tag{2-38}$$

2.2.3 摩擦力模型

在以上牛顿-欧拉法动力学建模过程中，仅考虑了在机器人运动过程中，连杆的质量和惯性矩形成的力。但是在实际应用中，机器人关节间的摩擦力的影响是不可忽略的。因此，必须将摩擦力额外加入关节理论力矩中。

常见的摩擦力模型有库伦摩擦力模型、黏滞摩擦力模型、Stribeck 摩擦力模型及更高阶的非线性摩擦力模型等。在机器人动力学中，常使用包含库伦摩擦力模型和黏滞摩擦力模型的线性组合模型。然而，考虑到部分机器人由于关节结构、装配等问题会出现正反方向的最大静摩擦力不同的现象，因此本书推荐在库伦-黏滞摩擦力模型的基础上，叠加一个偏置摩擦，如式（2-39）所示。其示意图如图 2-9 所示。

$$\boldsymbol{\tau}_{\mathrm{f}} = \boldsymbol{f}_{\mathrm{c}}\operatorname{sign}(\dot{q}) + \boldsymbol{f}_{\mathrm{v}}\dot{q} + \boldsymbol{f}_{\mathrm{o}} \tag{2-39}$$

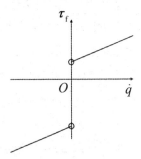

图 2-9　黏滞-库伦-偏置摩擦力模型示意图

2.2.4 动力学模型表示及特性

将机器人连杆受力进行分类，并拆分到不同项中，机器人的动力学模型可概括为

$$M(q)\ddot{q} + C(q,\dot{q})\dot{q} + g(q) + \boldsymbol{\tau}_{\mathrm{f}} = \boldsymbol{\tau}_{\mathrm{m}} + J(q)^{\mathrm{T}}\boldsymbol{h} \tag{2-40}$$

式中，$M(q)\ddot{q}$ 表示惯性力项；$C(q,\dot{q})\dot{q}$ 表示科式力和离心力项；$g(q)$ 表示重力项；$\boldsymbol{\tau}_{\mathrm{f}}$ 和 $\boldsymbol{\tau}_{\mathrm{m}}$ 分别表示关节摩擦力［式（2-39）］和驱动力矩；J 和 $\boldsymbol{h}$ 则分别表示机器人的雅可比矩阵和末端所受外力及负载。

下面介绍动力学两大特性。

1）动力学参数的线性特性

在不考虑外力的前提下，驱动力矩 $\boldsymbol{\tau}_{\mathrm{m}}$ 可以看作机器人状态的非线性函数：

$$\boldsymbol{\tau}_{\mathrm{m}} = \boldsymbol{f}(q,\dot{q},\ddot{q}) \tag{2-41}$$

在函数 $\boldsymbol{f}$ 中，除变量 q、$\dot{q}$、$\ddot{q}$ 之外，其余皆为机器人的动力学参数，连杆 i 的参数向量为

$$\boldsymbol{\theta}_i = [I_{xx}^i, I_{xy}^i, I_{xz}^i, I_{yy}^i, I_{yz}^i, I_{zz}^i, m^i r_{cx}^i, m^i r_{cy}^i, m^i r_{cz}^i, m^i, I^i, f_c^i, f_v^i, f_o^i]^{\mathrm{T}} \tag{2-42}$$

式中，$I_{xx}^i \sim I_{zz}^i$ 为连杆惯量矩阵的 6 个参数；$m^i r_{cx}^i$、$m^i r_{cy}^i$、$m^i r_{cz}^i$ 中的 r_c^i 为质心向量的 3 个分量，以上 9 个参数包含在式（2-40）的 $\boldsymbol{M}(\boldsymbol{q})$ 和 $\boldsymbol{C}(\boldsymbol{q},\dot{\boldsymbol{q}})$ 中；连杆的质量 m^i 包含在 $\boldsymbol{g}(\boldsymbol{q})$ 中；I^i 为电机转子的转动惯量；f_c^i、f_v^i、f_o^i 为式（2-39）中的摩擦力系数，共计 14 个参数。

借助机器人动力学参数的线性特性，可以通过参数的线性变换将模型（2-41）转化为线性形式：

$$\boldsymbol{\tau}_{\mathrm{m}} = \boldsymbol{\phi}(\boldsymbol{q},\dot{\boldsymbol{q}},\ddot{\boldsymbol{q}})\boldsymbol{\theta} \tag{2-43}$$

式中，$\boldsymbol{\phi}(\boldsymbol{q},\dot{\boldsymbol{q}},\ddot{\boldsymbol{q}})$ 是 $n \times 14n$ 的仅包含变量 $\boldsymbol{q}$、$\dot{\boldsymbol{q}}$、$\ddot{\boldsymbol{q}}$ 的矩阵，一般称为观测矩阵，其与动力学参数无关；$\boldsymbol{\theta} = [\theta_1 \quad \theta_2 \quad \cdots \quad \theta_n]^{\mathrm{T}}$ 为 $14n \times 1$ 线性化后的动力学参数向量，n 为机器人的自由度。

2）反对称特性

通过对拉格朗日形式的动力学分析，对于式（2-40）中的 $\boldsymbol{M}(\boldsymbol{q})$ 和 $\boldsymbol{C}(\boldsymbol{q},\dot{\boldsymbol{q}})$，有如下关系：

$$\dot{\boldsymbol{M}}(\boldsymbol{q}) = \boldsymbol{C}(\boldsymbol{q},\dot{\boldsymbol{q}}) + \boldsymbol{C}^{\mathrm{T}}(\boldsymbol{q},\dot{\boldsymbol{q}}) \tag{2-44}$$

即矩阵 $\dot{\boldsymbol{M}}(\boldsymbol{q}) - 2\boldsymbol{C}(\boldsymbol{q},\dot{\boldsymbol{q}})$ 是反对称的。

2.3　机器人的运动规划简介

运动规划（Motion Planning）是指在给定的初始位置与目标位置，机器人找到一条符合约束条件无碰撞的最优路径。经典版本的运动规划有时被称为钢琴移动问题，也就是说该问题可以想象成，将一所房子和一架钢琴的模型作为算法的输入，算法必须确定如何在不撞到任何东西的情况下将钢琴从一个房间移动到另一个房间。机器人的运动规划通常忽略动力学，而主要关注移动机器人所需的平移和旋转。

通常来说，运动规划可以拆分成 2 个解耦的部分：路径规划（Path Planning）和轨迹规划（Trajectory Planning）。前者负责在空间域上找到一条可行的无碰撞路径，而后者则在前者路径的基础上将时间考虑进去，找到路径关于时间演变的过程，也叫作轨迹生成。下面分别进行介绍。

2.3.1　路径规划

路径规划往往是在离散的空间中找到空间域上的可行的离散路径点，常用的方法有基于搜索和基于采样两种。本节将以 A*算法和 RRT 算法为例，分别介绍上述两种方法。

1）A*算法

A*算法是一种广度优先算法，是在广度优先搜索和迪杰斯特拉（Dijkstra）算法上发展而来的，是最常用的图搜索算法。

以二维图搜索举例，如图 2-10 所示，将地图以一定大小的尺度离散化为一个一个的方格，起点和终点已在图中标记，深灰色标记的为障碍物，浅灰色标记的为可行域。A*算法即可用来搜索从起点到终点的无碰撞最短举例轨迹，搜索过的点用白色标记，虚线展示了其最终的轨迹。

在运算 A*算法的过程中，每次都从优先队列中选取 $f(n)$ 最小（优先级最高）的节点作为下一个待遍历的节点。另外，A*算法使用 2 个集合来表示待遍历的节点与已经遍历过的节点，通常称为 open_set 和 close_set。

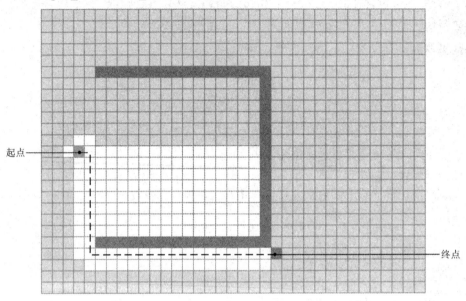

图 2-10 A*算法搜索示意图

完整的 A*算法描述如下。

算法 2.2：A*算法
开始：
输入：起点，终点，网格地图
初始化 open_set 和 close_set；
将起点加入 open_set 中，并设置优先级为 0（优先级最高）；
若 While open_set 不为空：
则从 open_set 中选取优先级最高的节点 n；
若节点 n 为终点，则
从终点开始逐步追踪 parent 节点，一直达到起点；
返回找到的结果路径，算法结束；
若节点 n 不是终点，则
将节点 n 从 open_set 中删除，并加入 close_set 中；
遍历节点 n 所有的邻近节点：
若邻近节点 m 在 close_set 中，则
跳过，选取下一个邻近节点
若邻近节点 m 也不在 open_set 中，则
设置节点 m 的 parent 节点为 n
计算节点 m 的优先级
将节点 m 加入 open_set 中
End while
输出：最优路径
结束

A*算法的重点是启发式优先级函数 $f(n)$ 的设计：

$$f(n) = g(n) + h(n) \tag{2-45}$$

式中，$f(n)$ 是节点 n 的综合优先级，当要选择下一个要遍历的节点时，总会选取综合优先级最高［$f(n)$ 最小］的节点；$g(n)$ 是节点 n 距离起点的代价；$h(n)$ 是节点 n 距离终点的预计代价。

2）RRT 算法

RRT 算法为一种递增式的构造方法，在构造过程中，RRT 算法不断在搜索空间中随机生成状态点。若该点位于无碰撞位置，则寻找搜索树中离该节点最近的节点作为基准节点，从基准节点出发以一定步长朝着该随机节点进行延伸，延伸线的终点所在的位置被当作有效节点加入搜索树。搜索树的生长过程一直持续，直到目标节点与搜索树的距离在一定范围以内。随后搜索算法在搜索树中寻找一条连接起点到终点的最短路径。

标准的 RRT 算法描述如下。

算法 2.3：RRT 算法
开始：
输入：起点，终点，地图
设置拓展步长 step 初始化树：将起点加入树 T； For i = 0 : n 　随机采样获得随机点 x_{rand} 　找到树中距离 x_{rand} 最近的点 x_{near} 　沿着 x_{near} 到 x_{rand} 截取步长 step，得到 x_{new} 　连接 x_{near} 和 x_{new} 得到一条边 E_i 　If E_i 无碰撞： 　　将边 E_i 和节点 x_{new} 加入树 T 中； 　If x_{new} 与 x_{goal} 的距离小于阈值： 　　Break； End for
输出：搜索路径
结束

图 2-11 所示为 RRT 算法实现示意图。其中，黑色部分代表障碍物；起点和终点已在图中标注；浅色空心点代表搜索的点；浅色实线代表树中的边；深色实线代表最终路径。

2.3.2　轨迹规划

在前文找到了一系列离散点之后，必须将找到的路径进行光顺，也就是找到路径点随时间变化的光滑函数：$x = f(t)$。

常用的轨迹生成有多项式轨迹、样条轨迹、混合插

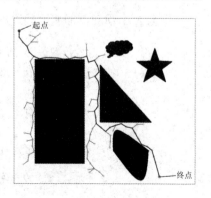

图 2-11　RRT 算法实现示意图

值轨迹等，本节介绍两种最常用的轨迹规划方法：三次样条和抛物线过渡的直线插值。

1）三次样条

假设除去起点和终点，有 $N-1$ 个必须经过的中间点，那么就需要构造 N 个三次多项式，每相邻两个点之间都用三次多项式连接，从而保证两段相邻的三次多项式曲线的中间点保持位置、速度和加速度的连续性。

假设 N 个三次多项式的解析式为

$$s_j(t) = a_j + b_j t + c_j t^2 + d_j t^3, \ \ t_j \leqslant t \leqslant t_{j+1}, j = 1, \cdots, N \tag{2-46}$$

则总共有 $4N$ 个参数需要确定。

根据 N 个中间点位置的确定性，可以确定 $2N-2$ 个约束方程。根据 N 个中间点速度和加速度的连续性，可以确定 $2N$ 个约束方程。还需要 2 个额外的约束。这里，希望在起点和到达终点时静止，故 2 个额外的约束为起点和终点的速度都为 0。这样，$4N$ 个参数就可以通过 $4N$ 个约束方程完全确定下来。

下面用 θ 作为待插值的点的通用表示，来推导三次样条的参数。

根据 N 个中间点位置的确定性，确定 $2N-2$ 个约束方程：

$$\begin{aligned}
\theta_0 &= a_{10} \\
\theta_1 &= a_{10} + a_{11}\Delta t_1 + a_{12}\Delta t_1^2 + a_{13}\Delta t_1^3 \\
\theta_1 &= a_{20} \\
\theta_2 &= a_{20} + a_{21}\Delta t_2 + a_{22}\Delta t_2^2 + a_{23}\Delta t_2^3 \\
\theta_2 &= a_{30} \\
&\vdots \\
\theta_n &= a_{n0} + a_{n1}\Delta t_n + a_{n2}\Delta t_n^2 + a_{n3}\Delta t_n^3
\end{aligned} \tag{2-47}$$

根据 N 个中间点速度的连续性，确定 N 个约束方程：

$$\begin{aligned}
\dot{\theta}_1 &= a_{11} + 2a_{12}\Delta t_1 + 3a_{12}\Delta t_1 = a_{21} \\
\dot{\theta}_2 &= a_{21} + 2a_{22}\Delta t_2 + 3a_{22}\Delta t_2 = a_{31} \\
&\vdots \\
\dot{\theta}_{n-1} &= a_{(n-1)1} + 2a_{(n-1)2}\Delta t_{n-1} + 3a_{(n-1)2}\Delta t_{n-1} = a_{n1}
\end{aligned} \tag{2-48}$$

根据 N 个中间点加速度的连续性，确定 N 个约束方程：

$$\begin{aligned}
\ddot{\theta}_1 &= 2a_{12} + 6a_{13}\Delta t_1 = 2a_{22} \\
\ddot{\theta}_2 &= 2a_{22} + 6a_{23}\Delta t_2 = 2a_{32} \\
&\vdots \\
\ddot{\theta}_{n-1} &= 2a_{(n-1)2} + 6a_{(n-1)3}\Delta t_{n-1} = a_{n2}
\end{aligned} \tag{2-49}$$

根据起点和终点的速度都为 0 的约束，确定最后 2 个约束方程：

$$\begin{aligned}
\dot{\theta}_0 &= a_{11} = 0 \\
\dot{\theta}_n &= a_{n1} + 2a_{n2}\Delta t_n + 3a_{n2}\Delta t_n = 0
\end{aligned} \tag{2-50}$$

根据 $4N$ 个约束方程即可算出 $4N$ 个未知数。各段的三次样条插值即可全部确定，代入待求的插值时间点，即可确定轨迹。

为了方便说明，以经过 2 个中间点的示例来说明求解过程。

假设规划过程总共 4 个点，3 段分段三次多项式曲线，则有 12 个参数，根据上述约束，可列出 12 个方程，写成矩阵的形式如下：

$$
\begin{bmatrix}
\theta_0 \\ \theta_1 \\ \theta_1 \\ \theta_2 \\ \theta_2 \\ \theta_3 \\ \dot{\theta}_0 \\ \dot{\theta}_3 \\ 0 \\ 0 \\ 0 \\ 0
\end{bmatrix}
=
\begin{bmatrix}
1 & 0 & 0 & 0 & 0 & 0 & 0 & 0 & 0 & 0 & 0 & 0 \\
1 & \Delta t_1 & \Delta t_1^2 & \Delta t_1^3 & 0 & 0 & 0 & 0 & 0 & 0 & 0 & 0 \\
0 & 0 & 0 & 0 & 1 & 0 & 0 & 0 & 0 & 0 & 0 & 0 \\
0 & 0 & 0 & 0 & 1 & \Delta t_2 & \Delta t_2^2 & \Delta t_2^3 & 0 & 0 & 0 & 0 \\
0 & 0 & 0 & 0 & 0 & 0 & 0 & 0 & 1 & 0 & 0 & 0 \\
0 & 0 & 0 & 0 & 0 & 0 & 0 & 0 & 1 & \Delta t_3 & \Delta t_3^2 & \Delta t_3^3 \\
0 & 1 & 0 & 0 & 0 & 0 & 0 & 0 & 0 & 0 & 0 & 0 \\
0 & 0 & 0 & 0 & 0 & 0 & 0 & 0 & 0 & 1 & 2\Delta t_3 & 3\Delta t_3^2 \\
0 & 1 & 2\Delta t_1 & 3\Delta t_1^2 & 0 & -1 & 0 & 0 & 0 & 0 & 0 & 0 \\
0 & 0 & 2 & 6\Delta t_1 & 0 & 0 & -2 & 0 & 0 & 0 & 0 & 0 \\
0 & 0 & 0 & 0 & 0 & 1 & 2\Delta t_2 & 3\Delta t_2^2 & 0 & -1 & 0 & 0 \\
0 & 0 & 0 & 0 & 0 & 0 & 2 & 6\Delta t_2 & 0 & 0 & -2 & 0
\end{bmatrix}
\begin{bmatrix}
a_{10} \\ a_{11} \\ a_{12} \\ \cdot \\ \cdot \\ \cdot \\ \cdot \\ \cdot \\ \cdot \\ a_{31} \\ a_{32} \\ a_{33}
\end{bmatrix}
\tag{2-51}
$$

求解上式可得

$$
\begin{bmatrix}
a_{10} \\ a_{11} \\ a_{12} \\ \cdot \\ \cdot \\ \cdot \\ \cdot \\ \cdot \\ \cdot \\ a_{31} \\ a_{32} \\ a_{33}
\end{bmatrix}
=
\begin{bmatrix}
1 & 0 & 0 & 0 & 0 & 0 & 0 & 0 & 0 & 0 & 0 & 0 \\
1 & \Delta t_1 & \Delta t_1^2 & \Delta t_1^3 & 0 & 0 & 0 & 0 & 0 & 0 & 0 & 0 \\
0 & 0 & 0 & 0 & 1 & 0 & 0 & 0 & 0 & 0 & 0 & 0 \\
0 & 0 & 0 & 0 & 1 & \Delta t_2 & \Delta t_2^2 & \Delta t_2^3 & 0 & 0 & 0 & 0 \\
0 & 0 & 0 & 0 & 0 & 0 & 0 & 0 & 1 & 0 & 0 & 0 \\
0 & 0 & 0 & 0 & 0 & 0 & 0 & 0 & 1 & \Delta t_3 & \Delta t_3^2 & \Delta t_3^3 \\
0 & 1 & 0 & 0 & 0 & 0 & 0 & 0 & 0 & 0 & 0 & 0 \\
0 & 0 & 0 & 0 & 0 & 0 & 0 & 0 & 0 & 1 & 2\Delta t_3 & 3\Delta t_3^2 \\
0 & 1 & 2\Delta t_1 & 3\Delta t_1^2 & 0 & -1 & 0 & 0 & 0 & 0 & 0 & 0 \\
0 & 0 & 2 & 6\Delta t_1 & 0 & 0 & -2 & 0 & 0 & 0 & 0 & 0 \\
0 & 0 & 0 & 0 & 0 & 1 & 2\Delta t_2 & 3\Delta t_2^2 & 0 & -1 & 0 & 0 \\
0 & 0 & 0 & 0 & 0 & 0 & 2 & 6\Delta t_2 & 0 & 0 & -2 & 0
\end{bmatrix}^{-1}
\begin{bmatrix}
\theta_0 \\ \theta_1 \\ \theta_1 \\ \theta_2 \\ \theta_2 \\ \theta_3 \\ \dot{\theta}_0 \\ \dot{\theta}_3 \\ 0 \\ 0 \\ 0 \\ 0
\end{bmatrix}
\tag{2-52}
$$

求出参数后，代入待求解的插值时间点，即可算出对应的数值。

2）抛物线过渡的直线插值

两点之间直线最短，要使得路径的连接长度尽可能小，自然会想到采用直线插值。但这样连接生成的轨迹为折线，在连接处不可导，导致轨迹的导数在连接处趋近于无穷大，不符合物理约束，因此可采用抛物线过渡的直线插值（Parabolic）。

在图 2-12 中，对于任意一段 $[\theta_i, \theta_{i+1}]$，直线部分都有

$$\dot{\theta}_{jk} = \frac{\theta_k - \theta_j}{t_{djk}}, \quad \dot{\theta}_{kl} = \frac{\theta_l - \theta_k}{t_{dkl}} \tag{2-53}$$

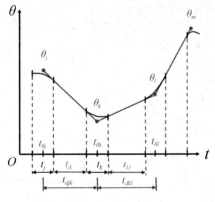

图 2-12　抛物线过渡的直线插值中间部分示意图

抛物线部分都有

$$\ddot{\theta}_k = \frac{\dot{\theta}_{kl} - \dot{\theta}_{jk}}{t_k} \tag{2-54}$$

$$t_{jk} = t_{djk} - \frac{1}{2} t_j - \frac{1}{2} t_k$$

对于起点抛物线部分，如图 2-13（a）所示，有

$$\ddot{\theta}_1 = \frac{\theta_2 - \theta_1}{\left(t_{d12} - \dfrac{1}{2} t_1\right)} \frac{1}{t_1} \tag{2-55}$$

$$t_{12} = t_{d12} - t_1 - \frac{1}{2} t_2$$

同理，对于终点抛物线部分，如图 2-13（b）所示，有

$$\ddot{\theta}_n = \frac{\theta_n - \theta_{n-1}}{\left(t_{d(n-1)n - \frac{1}{2} t_n}\right)} \frac{1}{-t_n} \tag{2-56}$$

$$t_{(n-1)n} = t_{d(n-1)n} - t_n - \frac{1}{2} t_{n-1}$$

（a）起点　　　　　　　　　　　　　　（b）终点

图 2-13　抛物线过渡的直线插值首尾部分示意图

求出以上参数后，代入待求的插值时间点，即可算出对应的数值。

2.4 机器人的运动控制方法简介

根据应用任务和场景的不同，可以将机器人的运动分为两类。一类是自由运动，控制机器人末端位姿，如期望位置是固定点的位置正定及期望位置随时间连续变化的轨迹跟踪。另一类是受限运动，如需要控制机器人末端位置和对环境的作用力。本节将对机器人的运动控制方法中的位置控制和力控制进行简要介绍。

2.4.1 机器人的位置控制

机器人的运动过程存在摩擦力、重力等扰动因素，使其轨迹偏差偏离预定轨迹，必须实施轨迹控制以提高机器人工作的质量。根据系统是否有反馈，可以将机器人的运动控制分为开环控制和闭环控制。其中，开环控制根据 2.2 节中介绍的机器人动力学方程计算该运动轨迹需要的力矩（或力）；闭环控制一般由关节传感器组成闭环系统，通过控制传感器反馈的伺服误差（位置误差和速度误差）实现轨迹控制。输出力矩是伺服误差的函数，通过设计合适的控制系统，计算驱动器输出的力矩大小，驱动器输出力矩能让伺服误差不断减小，并且保持稳定。机器人的运动控制有两种常用策略，分别是独立 PD 控制和基于动力学模型的计算力矩控制。

1）机器人的独立 PD 控制

独立 PD 控制是定点控制方法，定点控制的目标是控制自由运动机器人末端运动到固定的期望位置 q_d。忽略重力补偿和关节摩擦的机器人动力学模型可简单描述为

$$M(q)\ddot{q} + C(q,\dot{q})\dot{q} + g(q) = \tau_\mathrm{m} \tag{2-57}$$

对于给定点控制，$\dot{q}_\mathrm{d} = \ddot{q}_\mathrm{d} = 0$，设跟踪误差为

$$e = q_\mathrm{d} - q \tag{2-58}$$

输出力矩的 PD 控制律为

$$\tau_\mathrm{m} = K_\mathrm{d}\dot{e} + K_\mathrm{p}e \tag{2-59}$$

将式（2-59）代入式（2-57），考虑 $\dot{q}_\mathrm{d} = \ddot{q}_\mathrm{d} = 0$，可得轨迹误差的状态方程为

$$M(q)\ddot{e} + K_\mathrm{d}\dot{e} + K_\mathrm{p}e = 0 \tag{2-60}$$

该系统的稳定性可通过李雅普诺夫稳定性方法进行证明，从任意初始条件 $(q_0, \dot{q}_0)$ 出发，均有 $q \to q_\mathrm{d}, \dot{q} \to 0$。

2）机器人的计算力矩控制

计算力矩控制，或者说轨迹跟踪，是对如 2.3 节中通过轨迹规划出的轨迹，控制自由机器人末端跟踪连续时变的期望轨迹 $q_\mathrm{d}(t)$，这个轨迹一般是连续可微的。它的控制策略是引入非线性补偿，使得机器人可以简化成一个线性定常系统，其中输出力矩的 PD 控制律为

$$\tau_\mathrm{m} = C(q,\dot{q})\dot{q} + G(q) + M(q)u \tag{2-61}$$

将上式引入闭环系统动力学方程，消去非线性项后得

$$M(q)\ddot{q} = M(q)u \qquad (2\text{-}62)$$

这里由于 M 是正定的惯性矩阵，可得 $\ddot{q} = u$，当期望轨迹已经给定时，$\dot{q}_d(t)$、$\ddot{q}_d(t)$ 均为已知量，引入带偏置的 PD 控制，其控制律为

$$u = \ddot{q}_d + K_d(\dot{q}_d - \dot{q}) + K_P(q_d - q) \qquad (2\text{-}63)$$

此时，闭环系统的方程为

$$\ddot{e} + K_d\dot{e} + K_P e = 0 \qquad (2\text{-}64)$$

控制器输出的驱动力矩 τ_m 通过机器人逆动力学，由 $\ddot{q} = \ddot{q}_d + K_d\dot{e} + K_P e$ 计算得出。

2.4.2　机器人的力控制

机器人在完成一些与环境存在相互力作用的任务，如打磨、装配等时，单纯的位置或速度控制方式会由于位置或速度规划的误差而引起过大的作用力，从而伤害零件或机器人。当机器人在这类受限运动环境中工作时，往往需要配合力控制来使用。相比于机器人位置控制，在力控制作用下，以控制机器人与障碍物间的作用力为目标。当机器人遇到障碍物时，会智能地调整预设位置轨迹，从而消除内力。

力控制又称主动柔顺控制，在力控制中，其核心是对机器人末端的力和位置关系的处理。从目前机器人的主流控制策略来看，大致可分为以下几类：阻抗/导纳控制策略、力/位混合控制策略、自适应控制策略和智能控制。本文主要介绍阻抗/导纳控制策略和力/位混合控制策略。

1）阻抗/导纳控制策略

阻抗/导纳控制策略最早由 Neville Hogan 教授于 1985 年提出，是一种间接力控制策略，如图 2-14 所示。其特点是通过测量机器人末端的位置偏差来间接地控制机器人各关节中的扭矩及其与环境之间的交互力。简而言之，就是把力传感器反馈回来的力信息与期望力之间的偏差同时转换为机器人末端的位置、速度及加速度的修正量。

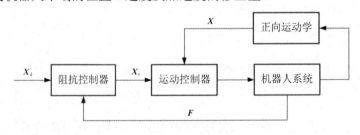

图 2-14　阻抗/导纳控制策略

在物理层面上，可以将阻抗/导纳控制模型简化为一个质量-阻尼-弹簧的振荡二阶系统，即在机器人末端安装此二阶系统与环境进行动态交互，如图 2-15 所示。基于一个 6 关节串联协作机器人的简化模型和其动力学模型，可以给出其阻抗/导纳控制的数学模型为

$$K_M\Delta\ddot{x} + K_D\Delta\dot{x} + K_P\Delta x = \Delta f \qquad (2\text{-}65)$$

式中，K_M 为 6×6 的惯性矩阵；K_D 为 6×6 的阻尼矩阵；K_P 为 6×6 的刚度矩阵；$\Delta f = f_e - f_d$ 为力偏差，其中 f_d 为 6×1 的期望力矩阵，f_e 为 6×1 的与环境交互力矩阵；$\Delta x = x_d - x_e$ 为 6×1 的姿态误差矩阵，其中 x_d 与 x_e 分别为机器人末端期望与实际位姿，而 $\Delta \dot{x}$、$\Delta \ddot{x}$ 分别为其一阶、二阶导数。

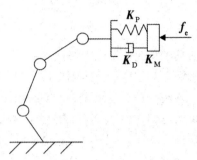

图 2-15 简化的阻抗/导纳控制模型

阻抗/导纳控制通过传感器接收的力反馈信息，调整执行机构位置、速度的变化量，进而满足控制要求。但因此，它并不能完美得到执行机构末端的精确运行轨迹和所接触环境的位置变化，这在很大程度上为机器人力控制带来了困难，目前的研究往往结合自适应策略等智能控制算法提高性能。

2）力/位混合控制策略

基于阻抗/导纳控制策略的限制，在对力和位置有高精度控制需求的场景中，力/位混合控制策略被提出。Mason 教授最早提出这个概念，即对机器人各关节进行位置协调控制和对各自受力的平衡控制。当机器人终端和环境发生接触时，其终端坐标空间可以分解成对应位控方向和力控方向的 2 个正交子空间，通过在相应的子空间中分别进行位置控制和力控制，达到柔顺运动的目的。但由于控制的成功与否取决于对任务空间的精确分解和基于该分解的控制器结构的正确切换，因此，力/位混合控制策略必须对环境约束做精确建模，不适应未知参数的环境。经典力/位混合控制策略的框图如图 2-16 所示。

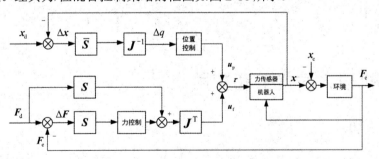

图 2-16 经典力/位混合控制策略的框图

在图 2-16 中，S 为对角矩阵，元素为 0 和 1，其中在力控制方向上，S 的相应位置为 1，在位置控制方向上，S 的相应位置为 0；$\bar{S}$ 为逆矩阵；F_d 和 x_d 为期望力和期望位姿；J^T 为雅可比矩阵。

随着机器人力控制算法的发展，机器人力控制的作用越来越大，智能力控制中的对比、算法、耦合、反馈和逻辑推理等方法不断融合，目前已经广泛地应用在康复训练、人机协作和柔顺生产等领域。

第 3 章　协作机器人简介

协作机器人是同时具备灵活操作和高效率生产特性的新一代工业机器人，其应用场景示意图如图 3-1 所示，根据作业范围可将其工作区域分为协作工作区域（Collaborative Workspace）、受限工作区域（Restricted Workspace）、操作工作区域（Operating Workspace）和最大工作区域（Maximum Workspace），其能够在协作工作区域内与人类直接进行交互，完成各类不同的任务。协作机器人不仅在生产过程中灵活性更大、尺寸更小、灵敏度更高，可以实现细致、安全的快速操作，而且采用内置的传感系统，人机安全共存性能好；适用于小规模产业化、实验室、高校等多领域，成本低、部署方便、图形化编程操作简单。本章以"青龙 2 号"机器人平台搭载的斗山 A0509s 协作机械臂为例，介绍协作机器人的硬件组成和相关功能。

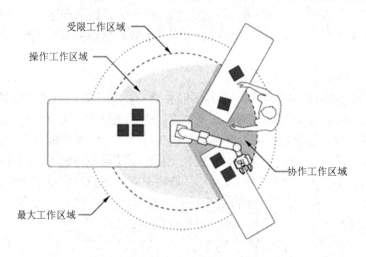

受限工作区域

操作工作区域

协作工作区域

最大工作区域

图 3-1　协作机器人的应用场景示意图

3.1　协作机器人的优势和应用

3.1.1　优势

协作机器人本质上是一种更加简单易用、灵活、安全协作性强的工业机器人。与传统工业机器人注重精度与速度有所不同，协作机器人更加注重人机安全共存性能及操作的简易性。

传统工业机器人主要应用于工厂的大中型产线，实现重复性工作，要求具备非常高的重复定位精度及固定的外界环境。因此，传统工业机器人及其配套夹具等设备，需要较大的空间和较长的调试装备时间。而且使用难度较高，操作人员需要进行专门的培训才能熟练使用进行生产。对于中小型企业及更加灵活多变的场景的新需求，如医药、3C、食品、物流等新型行业，这类场景的特点是产品种类多，体积不大，对操作人员的灵活度要求高。传统工业机器人无法在成本可控的条件下给出满意的解决方案，因此，人机结合的协作机器人被设计出来并广泛使用。

协作机器人的优势主要概括为以下 3 个方面。

1）安全性

机器人和人类交互，必须保证人类的安全。碰撞检测是协作机器人务必实现的功能，是人机协作的前提。国际标准化组织在 2016 年发布了 ISO/TS 15066 标准，将协作机器人的安全性分为安全级监测、拖动示教、功率和力限制、速度和分离监控 4 个方面。传统工业机器人的工作场景往往是在保护围栏或其他保护措施后，而协作机器人能够直接和操作人员在同一条生产线上工作，不需要使用保护围栏与人类隔离，为全手动和全自动的生产模式搭建了桥梁。

传统工业机器人也有碰撞检测功能，但是其目的一般是减少碰撞力对机器人本体的影响，避免机器人本体或外部设备损坏。

协作机器人的碰撞检测功能主要是为了解决人机协作问题。其实现的方式有借助力感知皮肤、关节力矩传感器、电流估算力反馈模型等，因此可以满足不同环境下工作力的灵活设置。

2）易于上手

拖动示教是协作机器人易于上手最直接的体现。某些协作机器人厂商通过对机器人编程语言进行优化，推出了图形化编程，以实现更方便的机器人控制。例如，"青龙 2 号"机器人平台搭载的斗山 A0509s 协作机械臂，官方提供了图形化编程及脚本编程软件，使其场景应用更加简单，上手更快。

拖动示教的原理是借助机器人的动力学模型，控制器实时地计算出机器人被拖动时所需的力矩，把该力矩提供给电机，使得机器人能够很好地辅助操作人员进行拖动。其计算公式包括惯性力项、科里奥利力和离心力项、重力项及摩擦力项。其中，根据选择的摩擦力模型可以分解为黏性摩擦力项、库仑摩擦力项及偏置摩擦补偿。摩擦力的计算是相对复杂的数学模型。基于目前技术的实现方式，有无传感补偿技术、加外置力传感器反馈优化模型计算、弹性装置伸缩模型计算等。

3）成本低且灵活

协作机器人本体质量小，均价在 10 万元左右，它们能够很好地适应不同场景的搬动和快速安装，使用和部署灵活。

协作机器人相对传统工业机器人存在上述 3 个优势，但也存在局限性。例如，为了提高人机交互的安全性，协作机器人的速度和质量不能太大，其负载也要低一些。因此，它的刚度和重复定位精度相对差一些。

3.1.2　应用

机器人学是力学、机构学、材料学、自动控制、计算机、人工智能、光电、通信、传感、仿生学等多学科交叉的结晶。而协作机器人在传统工业机器人的基础上，提高了人机交互性能，可以为更多场景实现自动化，与工具端（如夹爪、视觉、力控、末端执行器等）集成后可以实现各类自动化应用和自动化流程。

按照行业细分，协作机器人具体应用领域可分为如下七大方向。

（1）汽车整车：车身喷涂，白车身磨抛、冲压及总装等。

（2）汽车零部件：车体结构部件制造、内外部件、汽车电子焊接等。

（3）电子：3C 电子、半导体及家电等。

（4）一般工业：金属加工、塑料橡胶、光伏、化工、航空航天等。

（5）消费品和服务：食品、服装、生物医药、医疗、包装物流、农业等。

（6）机械自动化：运动控制、机器视觉、PLC（可编程逻辑控制器）等。

（7）新领域：教育培训、建筑、电影拍摄等。

3.2　协作机器人硬件介绍

本节以"青龙2号"机器人平台搭载的斗山 A0509s 协作机械臂为例，介绍 6 轴协作机械臂的相关硬件组成，以及各部分的功能特性。

3.2.1　机器人本体

机器人本体一般由轴和关节组成，根据接收到的命令进行实际运动，其示意图如图 3-2 所示。不同轴之间通过关节连接，每个关节都有一个旋转电机，可以在一定范围内旋转。

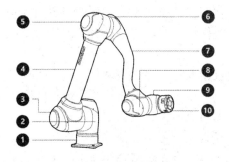

图 3-2　机器人本体的示意图

表 3-1 所示为图 3-2 机器人本体的关节/轴组成。

表 3-1　图 3-2 机器人本体的关节/轴组成

编　号	名　称	编　号	名　称
1	基座	6	关节 4
2	关节 1	7	轴 2
3	关节 2	8	关节 5
4	轴 1	9	关节 6
5	关节 3	10	法兰

3.2.2　控制箱

控制箱是控制机器人工作的部件，其示意图如图 3-3 所示。包括机器人驱动所需的电源，信号输入、输出，网络通信等控制机器人所必需的硬件系统。

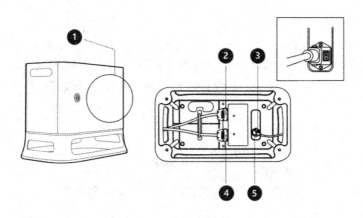

图 3-3　控制箱的示意图

表 3-2 所示为图 3-3 控制箱主要部件说明。

表 3-2　图 3-3 控制箱主要部件说明

编　号	名　　称	说　　明
1	I/O 连接端子（内部）	用于连接控制器或外部设备
2	示教器连接端子	用于将示教器电缆连接至控制器
3	主电源开关	用于打开/关闭控制器的主电源
4	机器人电缆连接端子	用于将机器人电缆与控制器连接
5	控制器电源连接端子	用于连接控制器电源

3.2.3　紧急停止按钮

在紧急情况下，按下紧急停止按钮可使机器人立即停止运行，其示意图如图 3-4 所示。

图 3-4　紧急停止按钮的示意图

3.3　协作机器人系统安装与配置

以斗山协作机器人为例，其系统构成如图 3-5 所示，一般包括如下内容。

（1）示教器（选配）：该设备通过图形化交互界面管理整个机器人系统，能够设定机器人的示教位姿和运动，以及进行机器人和控制的相关设置。

（2）计算机：安装 DART Platform 软件后，可配置与示教器相同的工作环境。

（3）控制器：用于根据示教器设置的位姿和运动控制机器人的运动。控制器具备各种

I/O 端口，可连接和使用各种设备和装置。

（4）智能示教器（选配）：执行简单机器人功能（如伺服开/关、执行/关闭预设程序）。

（5）紧急停止按钮：当使用计算机时，可接入机器人系统，用作示教器的紧急停止按钮。

（6）机器人：一种工业机器人，可结合各种末端工具执行运输或组装任务。

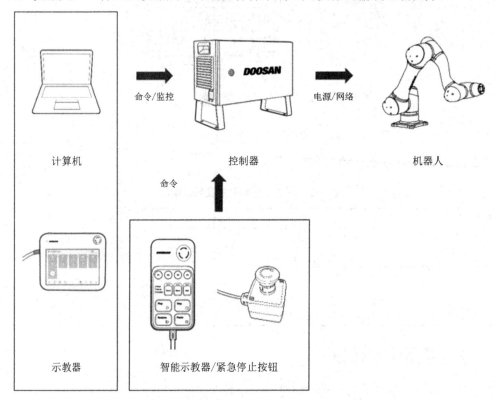

图 3-5　斗山协作机器人的系统构成

3.3.1　机器人安装与配置

1）检查安装环境

确保机器人有足够的自由移动空间。检查机器人的运行空间，确保机器人不会与外部元件发生碰撞。确认安装位置是否为牢固、平坦的平面；是否为无漏水、恒温、恒湿的位置；检查安装位置附近是否有易燃、易爆物品。

2）确认机器人工作区域

确保安装环境充分考虑了机器人的运行空间。运行空间因机器人型号而异。在图 3-6 中，灰色区域是机器人的低效率区域。在该区域内，工具速度低但是关节速度高。不建议工具的运行路径经过底座的顶部到底部的圆柱区域。

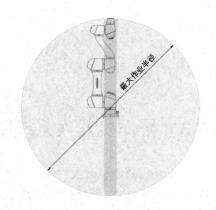

图 3-6　机器人工作区域的示意图

3）安装机器人本体

在机器人工作区域内安装机器人、控制器和其他必要组件，在连接完成后检查接线是否完备并供电。固定机器人，对底座的 4 个 8.5mm 的孔使用 M8 螺栓固定操纵器。注意使用垫圈防止振动，并用定位销将操纵器安装在固定位置，如图 3-7 所示。

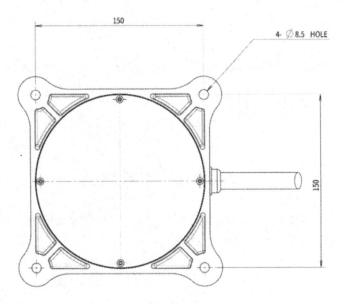

图 3-7　机器人底座

4）连接机器人与控制器

将连接到机器人的操纵器电缆推入相应的控制器连接器，直到听到"咔嗒"声，以防电缆松动，如图 3-8 所示。

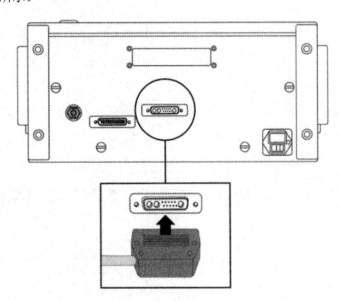

图 3-8　连接机器人与控制器

5）连接控制器和紧急停止按钮

将紧急停止按钮电缆连接到相应的控制器连接器，安装螺钉时顺时针旋转螺钉，以防电缆松动，如图 3-9 所示。

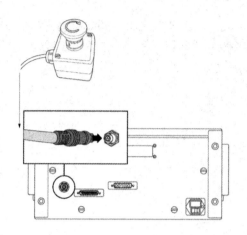

图 3-9　连接控制器和紧急停止按钮

6）打开/关闭控制器电源

控制器底部安装了电源开关以切断系统电源。按下控制器底部的电源按钮，机器人、控制器和紧急停止按钮的电源会打开，如图 3-10 所示。

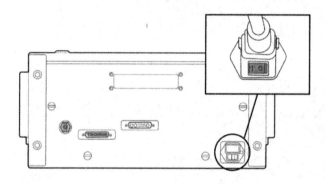

图 3-10　打开/关闭控制器电源

7）连接网络

计算机、TCP/IP 设备、Modbus 设备和视觉传感器均可连接到控制器内部的网络连接器端子。根据网络应用将电缆连接到专用端口。

（1）WAN：连接外部 Internet。

（2）LAN：使用 TCP/IP 或 Modbus 协议连接外部设备。

将电缆连接到网络连接器端子后通过网络端口进行数据通信，网络端口的示意图如图 3-11 所示。

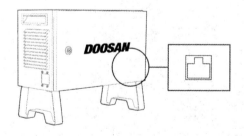

图 3-11　网络端口的示意图

3.3.2　外部设备连接

1）DART Platform 连接

通过连接计算机，可以运行 DART Platform（Windows 系统）。通过 LAN 端口连接控制器和计算机后，若运行 DART Platform，则无须示教器即可使用示教器的所有功能。如果要把计算机和控制器的子控制器建立连接，那么需要进行通信连接设置，将计算机的 IP 配置换成 TCP/IP 192.168.137.xxx 频段，允许 TCP/IP 通信。配置时需要确认软件版本号和机器人型号匹配。

若使用计算机连接到控制器的 LAN 端口，并且 DART Platform 已经在运行，则软件会自动搜索建立连接所需的控制器 IP 地址、控制器版本和机器人序列号，如图 3-12 所示。

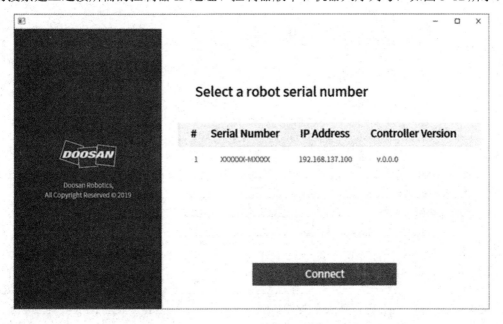

图 3-12　DART Platform 软件界面

如果连接存在问题，请执行：①未显示可连接控制器的 IP 地址、控制器版本和机器人序列号搜索结果时，按下刷新按钮搜索，按照上述步骤再次尝试连接；②找到网络设置，将其中的 IP 地址恢复成默认 IP 地址，重新执行步骤①。

2）视觉传感器连接

机器人可以与视觉传感器（用于测量物体位置的 2D 摄像机）连接，视觉传感器的测量结果可以通过网络传输给机器人，从而与机器人命令相连接。同样地，要将视觉传感器的 IP 地址进行配置，以匹配控制器的 IP 地址在同一频段。

视觉设备配置：要测量物体位置，需要使用视觉传感器进行目标物体的图像输入和视觉示教。根据视觉传感器专用视觉工作设置程序。

测量数据格式设置：使用视觉传感器测量数据之前，需要进行机器人-视觉坐标校准。视觉传感器的测量数据应符合如下格式。

格式	Pos	,	x	,	y	,	角度	,	var1	,	...	,	var$N$

- Pos：表示测量数据开始的分隔符（prefix）；
- x：使用视觉传感器测量的物体 x 坐标；
- y：使用视觉传感器测量的物体 y 坐标；
- 角度：使用视觉传感器测量的物体旋转角度；
- var1, …, var$N$：使用视觉传感器测量的信息（如物体尺寸/缺陷检查值）。

例如，pos, 254.5, −38.1, 45.3, 1, 50.1（x=254.5，y=−38.1，角度=145.3，var1=1，var2=50.1）。

视觉传感器和机器人之间的物理通信连接及视觉传感器设置完成后，必须设置程序，以允许视觉传感器和机器人程序相连。使用斗山机器人语言（Doosan Robot Language，DRL）可以连接/通信/控制外部视觉传感器的功能，并且可以在"TaskWriter"中设置程序。具体有关 DRL 的介绍见第二部分"协作机器人编程实训"。

3.3.3　机器人基本参数介绍

以斗山 A0509s 协作机械臂为例，其基本配置如表 3-3 所示。

表 3-3　斗山 A0509s 协作机械臂的基本配置

名　　称	参　　数
型号	A0509s
有效载荷	5 kg
最大作业半径	900 mm
质量	21 kg
轴数	6
最大工具速度	1 m/s
重复精度	±0.03 mm
安装位置	任意方向
法兰接口	Digital in 2，out 2，RS-485
控制器接口	RS-232，RS-485，RS-422，TCP/IP
工业网络	Modbus-TCP（Master/Slave）、Modbus-RTU（Master）、EtherNet, IP（Adapter）、PROFINET（IO-Device）、FANUC-FOCAS（NC Interface）

协作机器人受到关节空间、轴大小及工作区域的影响，各关节的旋转角度区间可根据实际场景进行配置，初始状态的斗山 A0509s 协作机械臂关节配置如表 3-4 所示。

表 3-4　初始状态的斗山 A0509s 协作机械臂关节配置

编　　号	最大限制：关节|速度
关节 1	±360°| 180 °/s
关节 2	±360°| 180 °/s
关节 3	±160°| 180 °/s
关节 4	±360°| 180 °/s
关节 5	±360°| 180 °/s
关节 6	±360°| 180 °/s

3.3.4　末端工具安装

斗山 A0509s 协作机械臂的末端法兰上有 2 个 8pin 端子，这 2 个端子提供驱动末端法兰的电源和控制信号。

（1）安装工具。安装工具有两种方式，一种是在机械臂末端安装快换接头，将适配的末端工具安装在快换接头上；另一种是通过螺栓将工具安装在法兰上，如图 3-13 所示。

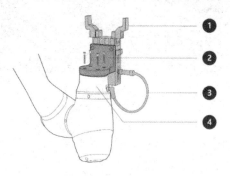

1—工具；2—支架；3—电缆；4—法兰

图 3-13　安装工具

（2）关闭系统电源。通过 DART Platform 界面的关机按钮关闭系统电源，如图 3-14 所示。

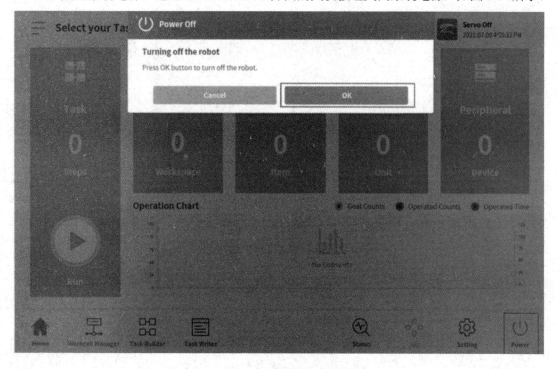

图 3-14　关闭系统电源

（3）连接电缆（见图 3-15）。连接电缆前应关闭电源，检查法兰连接端子（I/O）的引脚图。

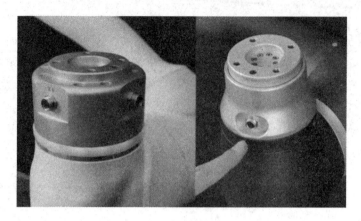

图 3-15 连接电缆

（4）重新打开电源。

（5）测试控制器和法兰 I/O。示教器可以直接通过交互界面，测试连接到法兰 I/O 的使用。通过交互界面的"状态"→"I/O 概述"可以进行相关测试。其他有关末端工具的功能和使用方法见 4.2.3 节"末端执行器的设置"。工具 I/O 测试流程图如图 3-16 所示。

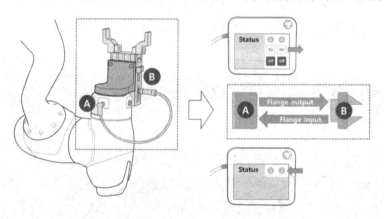

图 3-16 工具 I/O 测试流程图

3.4 安全性功能设置

3.4.1 机器人使用时的注意事项

- 如果机器人出现异常，请按下紧急停止按钮，断开系统电源，检查故障。
- 勿在带供电情况下插拔电缆，否则可能存在触电风险。
- 系统在运行过程中存在一定的发热现象，机器人和控制器的表面温度较高，因此请勿在运行过程中或运行后立即抓握或触摸。如果机器人产生过多的热量，请关闭机器人电源并等待 1h。
- 必须通过全面的风险评估来确定相关安全参数，并且必须在操作机器人之前验证安全参数设置和安全功能的运行。
- 如果控制器或示教器出现故障，应先激活紧急停止功能，确定故障原因，在日志屏幕上查找错误代码，然后联系供应商。
- 如果需要不同的安全级别和紧急停止级别，则始终选择安全等级更高的级别。
- 机器人和控制器运行时，请勿突然断开电源，否则机器人和控制器可能会发生故障。

3.4.2　安全停止模式的类型

针对不同的场景，协作机器人一般有不同的安全停止模式。本书所采用的斗山协作机器人，为确保用户安全而提供的安全停止模式如下。
- 安全转矩关断模式（STO）：对应停止类别 0 的所有安全停止模式，会立即断电并强制制动器运行。当失去驱动力（断电等情况）时，制动器用于维持当前位姿，而非用于减速。STO 会导致制动器磨损或减速器耐久下降，一般建议使用 SS1。
- 安全停止模式 1（SS1）：所有关节都通过对应停止类别 1 的安全停止模式，以最大减速度停止，电机电源断开，并接合制动器以使关节停止。减速后断开系统电源，与 STO 一样，可以在释放停止功能并设置伺服开启后操作机器人。
- 安全运行停止模式（SOS）：通过接通电机电源并解除制动器（伺服开启）保持当前位置。若检测到异常位置变化，则设置 STO。
- 安全停止模式 2（SS2）：通过对应停止类别 2 的安全停止模式，以最大减速度停止所有关节，并启用 SOS。
- 反应式停止模式（RS1）：若检测到碰撞，则启用浮动反应。检测到碰撞时在 0.25s 内适应外力的功能，以响应外力，同时启用 SOS。

如果在程序执行期间设置了 SS2 和 RS1，则在示教器或 DART Platform 界面上选择"STOP"（停止）或"RESTART"（重启），以停止或重启程序。如果机器人末端工具中心点（TCP）位于工作区域，并且启用了"Nudge"（轻推）功能，那么用户可以直接对机器人轻推以重新开始工作。

3.4.3　紧急停止

当发生紧急情况，如机器人即将发生预期外的碰撞时，应及时按下示教器右上方的紧急停止按钮或单独的紧急停止按钮，以立即停止系统。通过反方向旋转紧急停止按钮，可将紧急停止按钮复位。SS1 为紧急停止按钮的默认停止模式。紧急停止功能的示意图如图 3-17 所示。

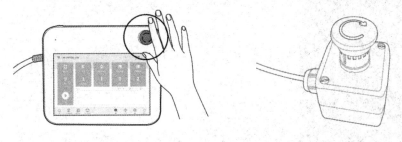

图 3-17　紧急停止功能的示意图

第 4 章　图形化编程：DART Platform

机器人的控制可以通过示教器或配套的软件来实现，通过图形化编程实现机器人的移动、抓取和数据显示等功能。本章将基于 A0509s 协作机械臂，介绍通过图形化编程软件 DART Platform 进行机械臂的初始配置、编程的方法及控制示例。

4.1　DART Platform

4.1.1　DART Platform 的配置和启动

首先，用网线将计算机和控制器连接，具体见 3.3.2 节"外部设备连接"。安装与控制器版本匹配的 DART Platform 版本并启动后，启动界面如图 4-1 所示（当 DART Platform 版本低于控制器版本时，无法连接）。注意，应调整计算机的 IP 地址与机器人的 IP 地址在同一频段。例如，机器人的 IP 地址为 192.168.1.100，将计算机的 IP 地址设为 192.168.1.10，默认网关设为 192.168.1.1。单击"刷新"按钮，设备会自动获取控制器 IP，单击"连接"按钮，可以将计算机和控制器连接，或者在手动输入控制器 IP 处输入正确的 IP 地址，单击"连接"按钮，将 DART Platform 和机器人连接。

图 4-1　DART Platform 的启动界面

获取机器人控制权限。如果当前控制权限被示教器或另一台计算机占用，那么 DART Platform 会提示"撤回"或"强制撤回"控制权限。单击"撤回"按钮需要当前占据控制权限的设备确认，才能获取控制权限，单击"强制撤回"按钮将直接获取控制权限。

4.1.2　DART Platform 的操作界面

DART Platform 的主界面如图 4-2 所示。其中，①为状态显示区，显示的是正在执行的任务名称和当前工作状态；②为工作屏幕区，在机器人执行工作时，用户可在此区域输入和更改设置，根据所选的具体菜单不同，该区域的内容显示不同；③为主菜单区，即系统的主菜单栏，单击每个菜单会进入相应的界面。

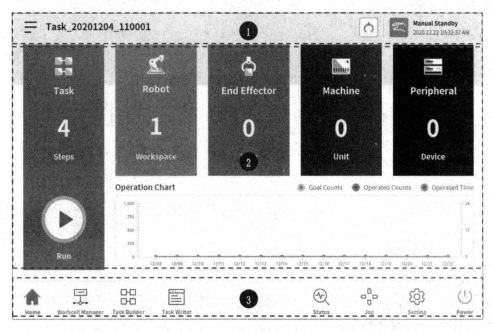

图 4-2　DART Platform 的主界面

状态显示区有 4 个子项，如图 4-3 所示。①是菜单栏，点开以后可创建新任务或保存/加载当前正在编辑的任务；②是正在执行的任务名称；③是 TCP 设置窗口；④是机器人当前状态和系统时间，单击此按钮可以切换机器人的状态，如从"伺服关闭"（Servo Off）切换到"伺服开启"（Servo On）。

图 4-3　状态显示区

主菜单区从左到右共有 8 个菜单，如图 4-4 所示。

图 4-4　主菜单区

其中，"Home"是系统初始菜单，显示当前任务的信息和工作进度；"Workcell Manager"可以将机器人和外部设备添加到任务中重新进行管理；"Task Builder"可以添加或删除系统相关指令来配置某个任务；"Task Writer"是用户用来添加、编辑或删除任务时用的命令，"Task Builder"和"Task Writer"结合使用可实现机器人自动编程；"Status"可以检查连接到机器人和控制箱的设备的 I/O 状态；"Jog"可以将机器人移动至特定点或与特定点对齐；"Setting"以弹出窗口显示，可以配置系统的相关设置，如语言、密码和网络 IP 地址；"Power"可以关闭系统电源。单击窗口左上角的"×"按钮可以返回之前的界面，否则无法编辑或单击除弹出窗口以外的其他按钮。

4.1.3 启动机器人

Servo On 是一种待机状态，在此状态下，通过向关节供电让机械臂运动。按下紧急停止按钮或违反系统设置的安全限制都会导致状态切换到 Servo Off。在主界面下方单击"Status"菜单，进入状态界面，并打开开关。Servo Off/On 状态界面如图 4-5 所示。

图 4-5　Servo Off/On 状态界面

4.1.4 点动模式

1）Jog 模式

进入 Servo On 状态后，关节的指示灯会亮起，单击"Jog"菜单，进入 Jog 模式界面（自动模式下不能进入 Jog 模式界面）。

Jog 模式界面如图 4-6 所示。左侧有 3 个选项卡，其中"Jog"（点动）选项卡可以点动控制机器人关节；"Move"（移动）选项卡可以配置目标角度或坐标，从而移动机器人；"Align"（对齐）选项卡可以选择机器人的对齐参考。Jog 模式界面的中间是仿真器中显示的当前机器人的状态。

图 4-6 中的①"Joint"选项卡指在关节参考坐标下运行 Jog 模式；②"Task"选项卡指在任务坐标下运行 Jog 模式，值得注意的是，在"Task"选项卡中，要选择机器人移动所参考的坐标系，并选择对应的参考点；③有 2 个状态，在"Joint"选项卡中代表 6 个关节，在"Task"选项卡中代表从 X 到 Rz 的 3 个轴的平移和旋转；④显示 Jog 模式下当前机器人的关节角/坐标，会实时改变；⑤代表正负方向移动；⑥可配置机器人 Jog 模式的移动速度；⑦可设置是在仿真器中运动还是让机器人进行实际移动；⑧可选择仿真器界面中的机器人对齐方向；⑨显示已经在"Workcell Manager"菜单中创建好的机器人作业空间信息，可以单击"Robot Workspace"下拉菜单选择要在仿真器界面显示的作业空间。

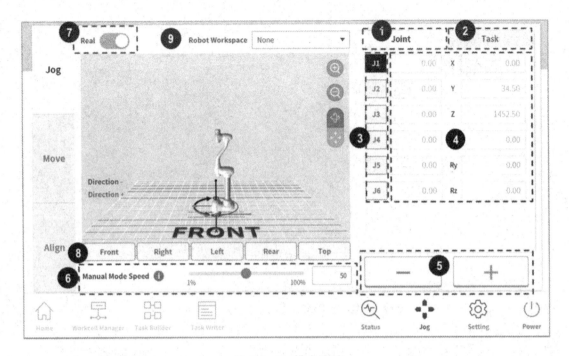

图 4-6　Jog 模式界面

Jog 模式有 4 种执行方法：基于关节运动、基于机器人底座运动、基于世界坐标运动、基于末端工具运行。

基于关节运动需要在 Jog 模式界面中选择"Joint"选项卡，选择某个关节（J1～J6）来调整角度，单击"+"或"-"按钮就可以调整轴的角度，如图 4-7 所示。

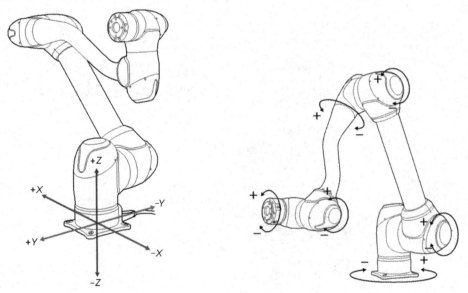

图 4-7　调整轴的角度

基于机器人底座运动需要在 Jog 模式界面中选择"Task"选项卡，选择"Base"作为参考点。单击"+"或"-"按钮让机器人进行运动，如图 4-8 所示。

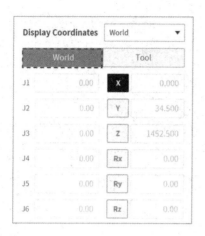
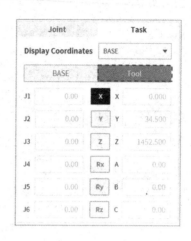

图 4-8 选择"Base"作为参考点

基于世界坐标/末端工具运动需要在 Jog 模式界面中选择"Task"选项卡，选择"World/Tool"作为参考点，选择要移动的世界坐标，单击"+"或"−"按钮移动对应轴。基于末端工具运动的 Jog 模式如图 4-9 所示。

2）Move/Align 模式

在图 4-6 中，选择"Move"选项卡，进入 Move 模式界面，如图 4-10 所示。此模式适用于已知机器人目标位姿或需要将机器人目标位姿精确到小数的情形。

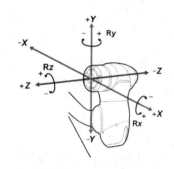

图 4-9 基于末端工具运动的 Jog 模式

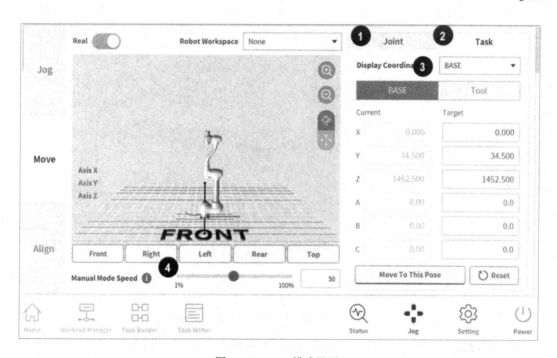

图 4-10 Move 模式界面

在图 4-10 中，①"Joint"选项卡指在关节参考坐标下运行 Move 模式；②"Task"选项卡指在任务坐标下运行 Move 模式；③是显示位置的参考坐标系；④可配置机器人 Move 模式的移动速度。

在图 4-6 中，选择"Align"选项卡，进入 Align 模式界面，可以设置机器人的对准参考，如图 4-11 所示。

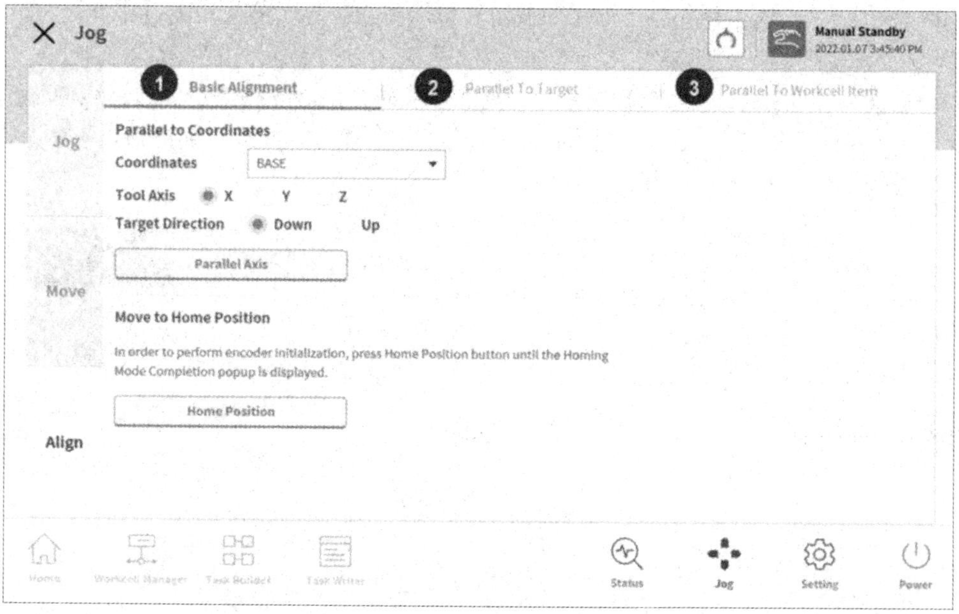

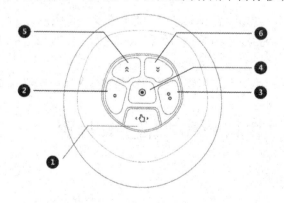

图 4-11　Align 模式界面

Align 模式界面上端有 3 个选项卡，①"Basic Alignment"选项卡根据底座或世界坐标的轴及方向对准 TCP；②"Parallel To Target"选项卡使 TCP 与目标对齐；③"Parallel To Workcell Item"选项卡使 TCP 与工作单元对齐。

3）拖动示教操作

斗山协作机器人可以通过关节 6 上的操作台按钮直接进行拖动示教（手动引导）操作。操作台的按钮界面如图 4-12 所示。①是手动引导按钮，按下该按钮，即可直接拖动机器人。注意，若在机器人末端安装了工具，则应先在 Jog 模式界面中配置工具质量。若未配置工具质量，则可直接进行拖动示教操作，机器人可以在重力作用下自行移动。

图 4-12　操作台的按钮界面

拖动示教操作应在手动模式下进行，当用户设计的任务程序正在运行时，按钮①无法直接进行拖动示教操作；按钮②和③可以通过输入基于具体模式对应锁定条件的位姿，执行不同约束条件下的机器人拖动，包括轴锁定（基于工具坐标系 Z 轴移动）、平面锁定（基于工具坐标系 XOY 平面移动）、点锁定（基于工具坐标系内的参考点更改角度）、角度锁定（根据当前锁定的工具角度更改位置）；按钮④可以保存机器人当前位姿（坐标和关节角）；按钮⑤可以将当前显示界面上的选中行上移一行；按钮⑥可以将当前显示界面上的选中行下移一行。

　　4）安全恢复模式

　　如果机器人运动到禁止区域或出现违反安全要求的错误，导致无法通过 Jog 模式或拖动示教操作恢复至正常状态，那么可以用软件的安全恢复模式将机器人重置到正常状态。安全恢复模式界面如图 4-13 所示，其操作步骤如下。

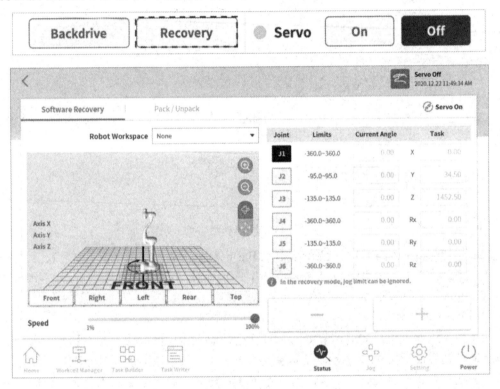

图 4-13　安全恢复模式界面

　　（1）单击 "Status" 菜单的 "Recovery"（安全恢复）按钮。

　　（2）单击安全恢复模式窗口的各关节按钮，单击 "+" 或 "−" 按钮调整位姿，或者通过关节上的操作台按钮，直接拖动机器人到正常状态。

　　（3）调整结束后，关闭窗口。调整过程可以在仿真窗口中实时观察。

4.2　工作单元：机械臂和末端工具设置

4.2.1　工作单元

　　斗山协作机器人的工作单元是指机器人及配合机器人完成任务的所有外部设备。在进行图形化编程任务前，应通过"Workcell Manager"菜单对工作单元的各设备进行配置，工作单元界面如图 4-14 所示。

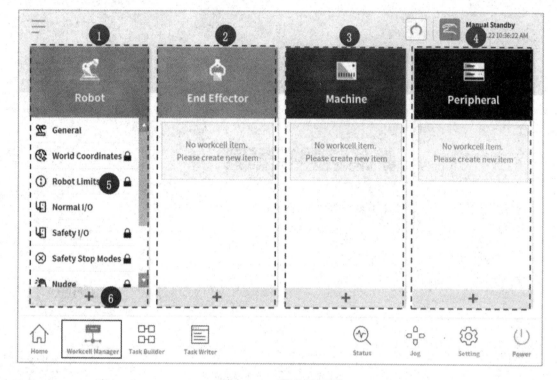

图 4-14　工作单元界面

① "Robot"：机器人相关设置，包括通用设置、坐标设置、机器人限制设置、I/O 设置、末端工具设置、区域设置等；

② "End Effector"：末端执行器相关设置，可以将末端执行器的类型加入机器人，会显示当前已经添加的末端执行器，系统默认的类型有 4 种，分别是双动作夹爪、单动作夹爪、螺丝刀、工具；

③ "Machine"：与机器人兼容的设备，将显示添加的设备，默认类型有冲压机、车削中心和注塑成型机；

④ "Peripheral"：与机器人兼容的外部设备，将显示添加的外部设备，默认类型有托盘（4P）、传送带和螺栓供给装置；

⑤ "Workcell Item Area"：显示每个类别中注册的工作单元列表，选择对相应的工作单元进行相关设置，具体说明将在 4.2.2 节进行介绍；

⑥ "Add Workcell Item Button"：添加工作单元。单击①、②、③、④下端的"+"按钮可添加对应的工作单元。

1）添加工作单元

单击要添加工作单元底部的"+"按钮，选择要创建的工作单元类别，单击"Select"按钮转到对应的设置界面，完成设置及添加工作单元，如图 4-15 所示。

创建末端工具的工作单元，如图 4-16 所示，执行"General"→"Robot"→"Tool Weight"命令，单击"Auto Measure"按钮，带有末端力矩传感器（Force and Torch Sensor，FTS）的机器

人可以自动测量末端工具的质量和方向。用同样的方法，可以添加工具形状工作单元，通过测量工具参数设置对应的末端 TCP。

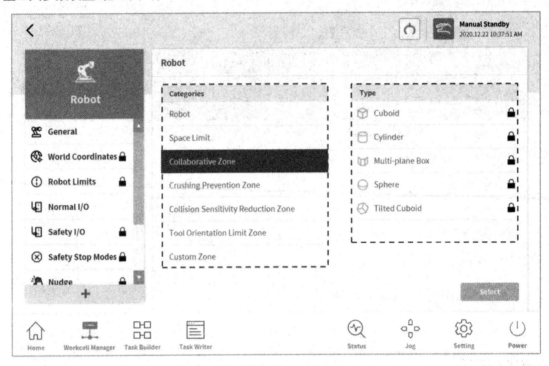

图 4-15   添加工作单元

图 4-16   创建末端工具的工作单元

2）弃用工作单元

工作单元有两种管理状态：正常工作单元，可以注册新的工作单元；弃用工作单元，不再进行维护。当更新了工作单元时，现有的工作单元被弃用，弃用后无法进行添加或编辑，图标为灰色。但是，弃用工作单元可以查看其设置信息。弃用工作单元可以被删除，删除后不再出现在列表中，如图 4-17 所示。

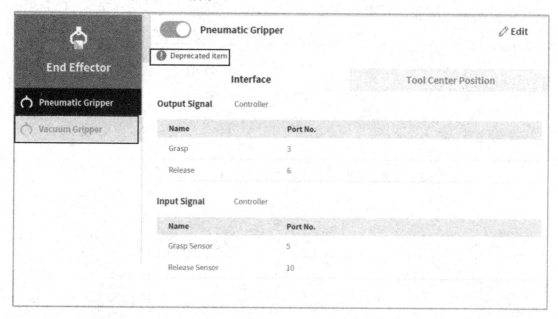

图 4-17　弃用工作单元

3）不可用工作单元

未安装或与系统版本不兼容的第三方工作单元都将被显示为不可用工作单元，如图 4-18 所示。可以查看与当前软件兼容的工作单元数据包版本、未安装的工作单元及不兼容的工作单元的名称和类型。要使用这类工作单元，需要从斗山官网中找到对应的工作单元进行安装。

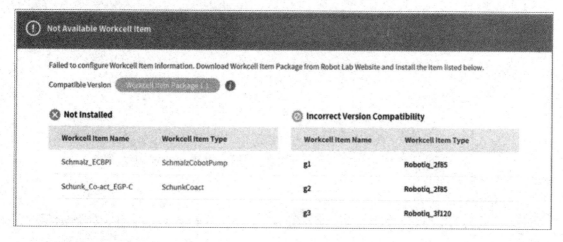

图 4-18　不可用工作单元

4.2.2 机器人设置

机器人设置界面如图4-19所示，其中包括以下内容。

①工作单元命名框，在此处输入工作单元的名称；

②仿真窗口，显示工作单元的仿真作业空间；

③显示所有，可显示所有其他已注册的工作单元；

④全屏显示按钮；

⑤缩放仿真窗口按钮；

⑥旋转或移动仿真窗口按钮；

⑦设置仿真窗口显示方向的按钮，以所选方向显示仿真；

⑧工作区，包含位姿信息等；

⑨删除当前工作单元；

⑩草稿，临时保存工作单元的工作区设置；

⑪确认草稿，确认保存先前临时保存工作单元的工作区设置。

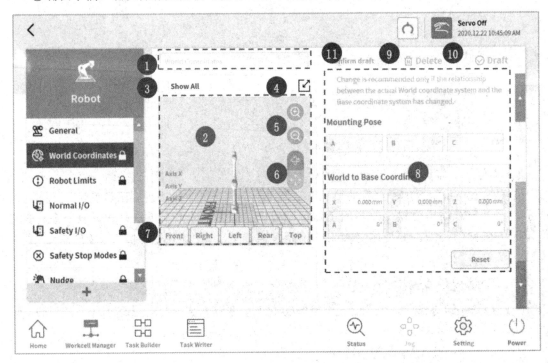

图4-19 机器人设置界面

在机器人设置界面的左侧有菜单栏，其中包括多个选项，可分别对机器人进行相关设置。其中，带锁标志的选项代表需要密码才能进行设置，设置这些带锁标志的选项时，应提前查阅手册，确认相关参数。

1）世界坐标系设置

表示机器人和工件的坐标系称为世界坐标系，它不同于固定在底座上的底座坐标系。世界坐标系设置如图4-20所示。

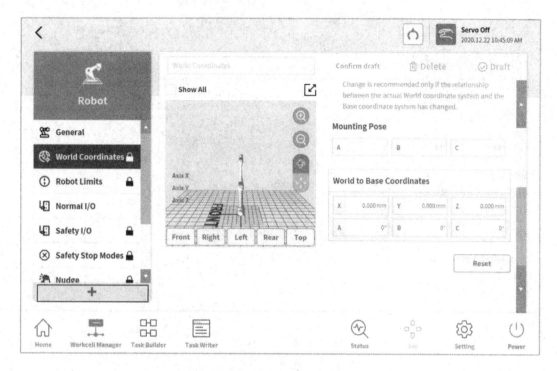

图 4-20　世界坐标系设置

　　要设置世界坐标系，首先在"Robot"工作单元上单击"Add"按钮，执行"Robot"→"World Coordinates"命令，然后单击顶部的"Edit"按钮，阅读窗口中的说明，进行设置，其中，安装位置显示在界面的右侧中间。设置好世界坐标系后，先单击"Apply"按钮，再单击"Confirm"按钮完成设置。世界坐标变化后，基于世界坐标的用户坐标也会随之改变，因此，建议仅在世界坐标与底座坐标之间的实际关系发生变化时进行更改。

　　2）TCP/Robot 限制设置

　　要查看或修改 TCP/Robot 限制，应在"Robot"工作单元中，执行"Robot"→"Robot Limits"→"TCP/Robot"命令。TCP/Robot 限制设置界面如图 4-21 所示。界面的上侧有 3 个选项卡，分别是"TCP/Robot""Joint Speed"（关节速度）和"Joint Angle"（关节角），可进行不同的参数设置。

　　"TCP/Robot"选项卡包括如下内容。

　　①"Force"（N）：限制施加给 TCP 的力的等级；

　　②"Power"（W）：限制机器人的机械功率等级；

　　③"Speed"（mm/s）：限制 TCP 的速度；

　　④"Momentum"（kg·m/s）：限制机器人的动量大小；

　　⑤"Collision"：设置机器人的碰撞检测灵敏度；

　　⑥"Default"：将 TCP/Robot 重置为默认值。

　　"Joint Speed"和"Joint Angle"选项卡可分别设置 6 个关节的运动速度最大值和运动范围。

　　3）安全停止模式设置

　　安全停止模式的监控功能可以检测超限情况，并设置停止机器人时所使用的停止模式。设置安全停止模式，可转至"Robot"工作单元，执行"Robot"→"Safety Stop Modes"命令。

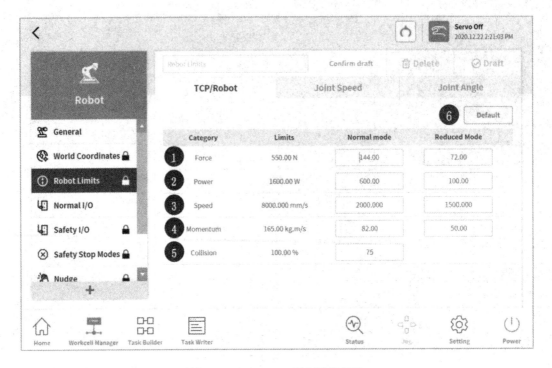

图 4-21　TCP/Robot 限制设置界面

- 紧急停止（Emergency Stop）：使用示教器或额外安装的外部设备的紧急停止按钮时，设置该停止模式（仅可选择 STO 或 SS1）。
- 保护性停止（Protective Stop）：外部连接的保护性设备激活时，设置该停止模式。
- 关节角超限（Joint Angle Limit Violation）：每个关节的角度超出关节角限制范围时，设置该停止模式。
- 关节速度超限（Joint Speed Limit Violation）：每个关节的速度超出关节速度限制范围时，设置该停止模式。
- 碰撞检测（Collision Detection）：施加给轴的外力超出设定的限制范围时，设置该停止模式。协作区域与独立区域的安全停止模式可以分别进行设置。除了 STO、SS1 和 SS2，RS1 也可设置为安全停止模式。
- TCP/Robot 位置超限（TCP/Robot Position Limit Violation）：TCP 和机器人位置超出"Workcell Manager"菜单的机器人设置的空间限制时，设置该停止模式。还可确定 TCP 是否在安全区域（协作区域、防撞区域、碰撞灵敏度降低区域、工具方向限制区域、自定义区域）。
- TCP 方向超限（TCP Orientation Limit Violation）：工具方向限制区域内的 TCP 方向超出"Workcell Manager"菜单的机器人设置的角度限制范围时，设置该停止模式。
- TCP 速度超限（TCP Speed Limit Violation）：TCP 的速度超出速度限制范围时，设置该停止模式。
- TCP 力超限（TCP Force Limit Violation）：施加给 TCP 的外力超出设定的限制范围时，设置该停止模式。协作区域与独立区域的安全停止模式可以分别进行设置。除了 STO、SS1 和 SS2，RS1 也可设置为安全停止模式。
- 动量超限（Momentum Limit Violation）：机器人动量超出动量限制范围时，设置该停止模式。

- 机械功率超限（Mechanical Power Limit Violation）：机器人的机械功率超出功率限制范围时，设置该停止模式。

4）末端工具设置

可以在"Robot"工作单元中设置末端工具的形状和质量，设置期间需要提供安全密码。要设置工具的形状，单击"Robot"工作单元上的"Add"按钮，执行"Robot"→"Tool Shape"命令。选择与工具匹配的形状，单击"Confirm"按钮即可，如图 4-22 所示。

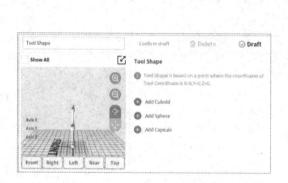

图 4-22　末端工具设置

要设置工具的质量，单击"Robot"工作单元上的"Add"按钮，执行"Robot"→"Tool Weight"命令。单击"Auto Measure"按钮进行工具质量、重心的测量。注意，A 系列机器人没有自动计算功能，只能手动输入质量和重心。

5）空间限制设置

空间限制功能用于限制机器人的工作空间。

在"Robot"工作单元中单击"Add"按钮，执行"Tool Shape"→"Cuboid、Sphere"等命令。在设置和激活过程中需要提供安全密码。

（1）在"Workcell Setting"（工作单元设置）界面顶部的"Workcell Name"（工作单元名称）字段中输入工作单元名称。

（2）根据"Space Limit"（空间限制）和"Geometry"（几何图形）选项卡中的"Inspection Point"（检查点）、"Valid Space"（有效空间）和"Zone Margin"（区域边距）选项，设置位姿信息。

（3）在"Parameters"（参数）选项卡下设置"Dynamic Zone Enable"（动态区域启用）和"Advanced Options"（高级选项），单击"Draft"按钮。

（4）验证显示的所有参数与期望设置的参数相同，选中"Draft Confirm"并单击"Confirm"按钮。单击"Activate Toggle"（激活切换）按钮以应用空间限制。

6）协作区域或防撞区域限制设置

在"Robot"工作单元中单击"Add"按钮，执行"Collaborative"→"Cuboid、Sphere"等命令。在设置和激活过程中需要提供安全密码。

（1）在"Workcell Setting"界面顶部的"Workcell Name"字段中输入工作单元名称。

（2）根据"Geometry"选项卡中的"Valid Space"和"Zone Margin"选项，设置位姿，如图 4-23 所示。

图 4-23　协作区域限制设置

（3）在"Parameters"选项卡下设置"TCP/Robot Limit"、"Safety Stop Modes"（安全停止模式）和"Dynamic Zone Enable"选项，单击"Draft"按钮。

（4）验证显示的所有参数与期望设置的参数相同，选中"Draft Confirm"并单击"Confirm"按钮。单击"Activate Toggle"按钮以应用协作区域。防撞区域设置与协作区域类似，在单击"Add"按钮后选择防撞区域按钮设置即可。

7）其他设置

斗山还可以设置"Tool Orientation Limit"（工具方向限制）区域和自定义的"Custom Zone"（用户空间），方法同协作区域或防撞区域限制设置类似，在此不再赘述。

4.2.3　末端执行器设置

末端执行器是指直接与环境进行交互的机器人末端工具，用于执行用户为机器人配置的任务，它配有夹爪（双/单动作气动夹爪）和工具（螺丝刀等）。此外，可以将用户构建的工具和相关参数添加为工作单元，在编程界面直接调用。

1）夹爪和工具

夹爪具有可以抓取或码垛物体的手指，图 4-24 所示为气动夹爪设置界面。本节将基于此类夹爪说明末端执行器的设置过程。图中①应输入用户定义的夹爪名称；②是设置末端执行器 I/O 信号的选项卡；③是设置末端执行器 TCP 的选项卡；④用于检查和设置输出信号，包括信号名称、类型、端口号、信号状态；⑤用于检测和设置输入信号，包括信号名称、类型、端口号和运行状态按钮，当工作单元中启用了某个功能时，其对应的信号名称和类型被禁用；⑥和⑦分别代表删除和保存末端执行器设置。

2）末端执行器 I/O 信号设置

单击"Workcell Manager"菜单的末端执行器底部的"+"按钮。在"Workcell Setting"

界面顶部的"Workcell Name"字段中输入工作单元名称，如图 4-25 所示。

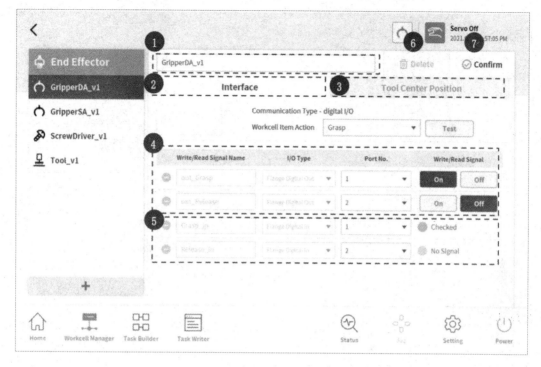

图 4-24　气动夹爪设置界面

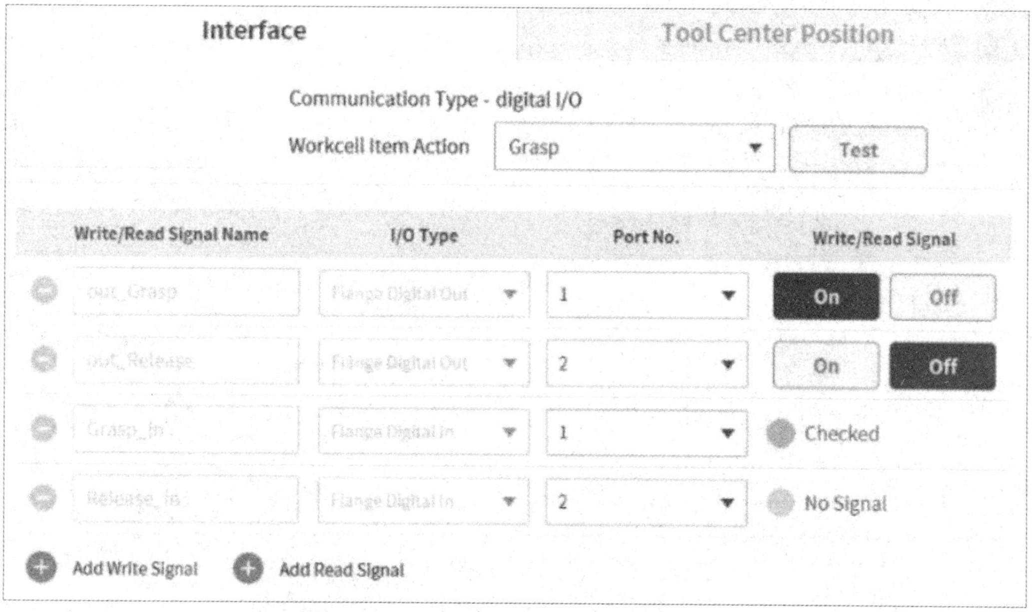

图 4-25　末端执行器 I/O 信号设置

选择末端执行器 I/O 信号设置的端口号，默认显示应用生成器设置的初始值，单击"Confirm"按钮完成设置。

完成设置后，应进行末端执行器的 I/O 检测（见图 4-26），步骤如下。

（1）选择要检测的末端执行器，单击"Edit"按钮。

（2）单击信号的"On""Off"按钮来检测输出信号。

（3）在"Workcell Item Action"下拉列表中选择一个函数，单击"Test"按钮来检测末端执行器的功能。若正常工作，则绿色指示灯变亮。

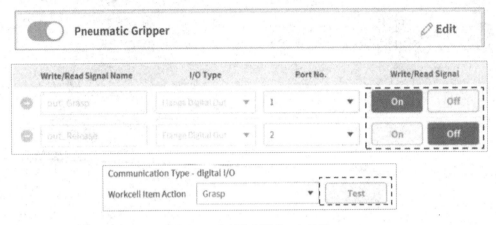

图 4-26　末端执行器的 I/O 检测

3）TCP 设置

设置 TCP 时，需要定义基于法兰坐标的位置和旋转角，如图 4-27 所示。从法兰坐标的默认起点到 X、Y、Z 方向上的 TCP 的距离 L 不能大于 10000 mm。当 L 小于 300 mm 时，可以执行机器人的力控制、柔顺控制和直接示教点锁定功能。设置 TCP 的示例如图 4-28 所示，A、B、C 为基于法兰坐标的旋转角。

- 法兰坐标到 TCP 坐标的坐标变换参数为 $[X,Y,Z,A,B,C] = [0,0,100,0,0,0]$，即具有 Z 方向偏移的通用夹爪。
- 坐标系{a}到坐标系{b}的坐标变换参数为 $[X,Y,Z,A,B,C] = [100,0,300,180,-45,0]$，即具有 45° 的左侧夹爪。
- 坐标系{a}到坐标系{c}的坐标变换参数为 $[X,Y,Z,A,B,C] = [-100,0,300,0,-45,0]$，即具有 45° 的右侧夹爪。

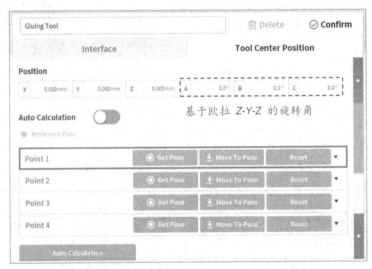

图 4-27　定义基于法兰坐标的位置和旋转角

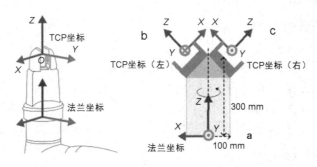

图 4-28　设置 TCP 的示例

4.2.4　末端工具的使用方法

本节以"青龙 2 号"机器人平台搭载的斗山 A0509s 协作机械臂和大寰公司生产的二指夹爪为例，介绍末端工具的使用方法。

1）连接夹爪与控制柜

通过大寰公司提供的数据线和数据盒，将夹爪连接到数据盒，用网线将夹爪连接到机器人控制柜。设置数据盒 IP 地址与机器人 IP 地址为同一网关。

2）设置夹爪控制的串行通信协议（Modbus）

（1）在主界面中选择"Setting"菜单，在设置功能界面中，找到网络中的 Modbus。

（2）选择"Add RTU Slave"选项后，界面中出现了一个新的功能单元，单击单元行右侧的"View"按钮进入设置页面。

（3）选择"Serial port"选项设置外部接口，选择地址为"/dev/ttyUSB0"。

（4）选择"Add Signal"选项，添加第一项，将第一列"Signal Type"设置为"Holding register"，第二列"Signal address"设置为"256"，第三列"Signal Name"设置为"init"，第四列"Slave ID"设置为"1"，第五列"Input"默认为 0，第六列"Output"设置为"165"；添加第二项，将第一列"Signal Type"设置为"Holding register"，第二列"Signal address"设置为"259"，第三列"Signal Name"设置为"position"，第四列"Slave ID"设置为"1"，第五列"Input"默认为 0，第六列"Output"设置为"0"。

3）测试设置的末端工具

在"Task Builder"菜单中选择创建新程序，执行"set"命令，选择"Property"（属性）菜单，设置为"Digital Output Signal"，选择"Holding Register init"选项，设置为"165"，单击"Confirm"按钮（该步骤为第一次使用该功能时必须运行的程序，运行设置完成后不需要再编辑此程序）。

选择"Property"菜单，设置为"Digital Output Signal"，选择"Holding register position"选项，设置为"1000"（该数值为此时夹爪开合的程度，取值范围为 0～1000，可以根据需要编辑 0～1000 内的任意数值），单击"Confirm"按钮，之后执行"wait"命令，编辑该程序设置等待时间为 1～3s（根据实际编写，该步骤不可省略），完成设置后，单击"开始"按钮，实时模式运行，检测夹爪闭合和打开的命令是否可用。

4.2.5　机器人其他参数的设置

协作机器人编程及部分功能需要在示教器/UI 控制软件中设置相关的环境。本节对机器人的环境设置做简要说明。

1）机器人设置

机器人设置用于配置默认位姿和操作台的相关功能。

机器人起始位置设置。在"Setting"菜单中，执行"Robot Settings"→"Home Position"命令，选择"User Home Position"选项，将机器人移动到预定位置（若选择"Default Home Position"选项，则可设置系统的默认值），单击"Save Pose"按钮保存位姿，单击"Confirm"按钮，设置的位姿立即生效。

操作台设置。在"Setting"菜单中，执行"Robot Settings"→"Cockpit"命令，可以在下拉列表中选择按钮 1 和 2 的各功能，按钮 1 和 2 必须设为不同的值。要激活夹紧逃逸功能（见图 4-29），需要同时按住按钮 1 和 2 并持续 2s。设置完成后，单击"Confirm"按钮生效。

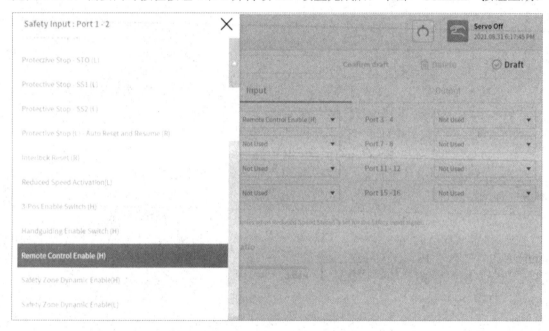

图 4-29　激活夹紧逃逸功能

远程控制设置（见图 4-30）。在"Setting"菜单中，执行"Robot Settings"→"Remote Setup"命令，将使用远程控制按钮设为"On"，如果在远程控制按钮打开的情况下重启系统，那么系统将以远程控制模式启动。输入输入信号、输出信号和默认加载的任务名称，如果未设置输入信号，那么无法进行设置。在"Workcell Manager"→"安全 I/O"→"输入"选项卡中，先选择"Edit"选项，然后选择端口并配置远程控制启用（H）。完成后单击"Confirm"按钮即可完成环境设置。若在使用外部设备的情况下启用远程控制，则可单击"Start Remote Control"按钮启动远程控制模式，此时界面会显示通过外部设备执行的任务的信息。同时，只有当"Enable Remote Control"按钮显示绿色信号时，才能执行来自外部设备的运动输入，如果"Enable Remote Control"按钮显示红色信号，那么要从外部设备输入启动信号。

注意，在远程控制模式下发生紧急停止或保护停止时，采用如下处理方式。

（1）紧急停止：界面显示紧急停止弹出窗口。排除原因后可按下紧急停止按钮进行复位，弹出窗口会自动关闭。

（2）保护停止导致系统变为 Servo Off 状态：显示红色保护停止弹出窗口。排除原因后，变为 Servo On 状态，弹出窗口自动关闭。

（3）保护停止导致系统变为中断状态：显示黄色保护停止弹出窗口。排除原因后输入互锁复位信号，机器人状态转变为正常待机状态。

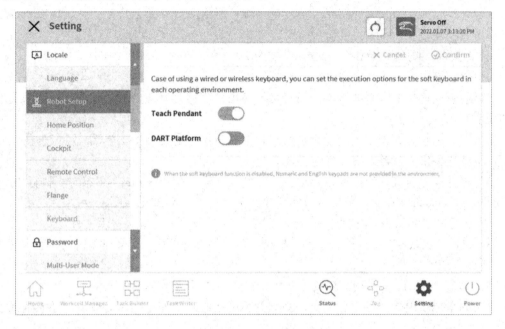

图 4-30　远程控制设置

2）密码设置

为了防止非专业用户误操作，部分设置项有密码，进入带锁标志的设置界面，需要输入密码。要更改或禁用密码，操作步骤如下。

（1）在"Setting"菜单中，执行"Password"→"Safety Password"命令。

（2）输入当前密码，默认密码为"admin"，单击"Confirm"按钮。

重启系统后，密码锁定会自动打开。若忘记密码，则需要恢复出厂设置来重置密码。密码设置界面如图 4-31 所示。

图 4-31　密码设置界面

3）网络设置

网络设置操作步骤如下。

（1）在主界面中，单击"Setting"菜单，选择"Network"选项。

（2）选择"Controller"或"Modbus"选项卡。控制器可以配置外部连接的以太网网络设置，如控制器或 Modbus；Modbus 可以进一步设置用户自己定义的 Modbus TCP/RTU 及一些工作单元的预设 Modbus。

（3）选择联网方法，单击"Confirm"按钮。

4）系统更新

可以检查当前机器人系统版本，而且可以使用外部存储设备更新系统，包括统一更新和系统还原。

统一更新用于更新整个系统，包括用户软件、机器人逆变器和安全模式，应提前做好相关用户文件的备份。机器人统一更新界面如图 4-32 所示。

（1）将存有更新文件的外部存储设备连接到控制箱。在"Setting"菜单中，执行"Robot Update"→"Update"命令，单击示教器和控制箱上的"Update"按钮。

（2）显示更新窗口时，单击"Search"按钮，从搜索列表中选择更新文件。

（3）单击"Check File"（检查文件）按钮，若文件检查成功，则会出现待安装版本信息，单击"Next"按钮。

（4）单击"Update"按钮，完成更新后，重启系统以确保控制器正常运行。

（5）如果更新失败，可重新更新，必须重新更新成功或恢复之前的版本，才能确保系统正常运行。

系统还原将机器人还原到用户选择的特定版本。操作步骤如下。

（1）在"Setting"菜单中，执行"Robot Update"→"System Restore"（系统还原）命令，显示当前系统安装的近期版本。

（2）选择要还原的版本，单击"Restore"按钮。

（3）还原完成后，重启系统即可完成还原操作。

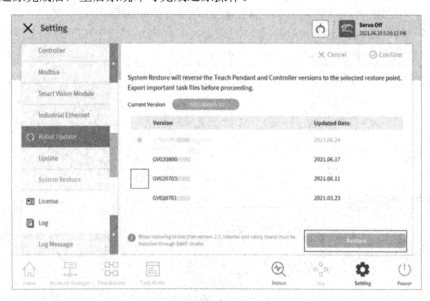

图 4-32　机器人统一更新界面

4.2.6　检查机器人工作日志

机器人运行日志消息查看功能。单击"Setting"菜单，选择"Log"选项即可查看机器人运行日志消息。在程序执行期间可以通过"Home"菜单下的运行窗口查看实时的日志记录。日志中包含报警、故障、安全提示等信息，该功能可以在机器人出现软件故障时指导用户定位故障和解决问题。机器人工作日志界面如图 4-33 所示。

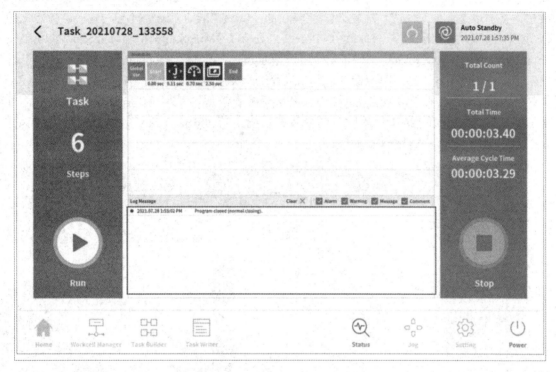

图 4-33　机器人工作日志界面

4.3　图形化编程

斗山协作机器人支持使用 DART Platform 进行机器人任务的创建和管理。本节将基于官方提供的 DART Platform 介绍如何通过软件设计机器人任务并执行。注意，基于示教器进行任务设计和执行的过程与基于 DART Platform 的过程类似。

4.3.1　图形化示教编程功能

DART Platform 提供了基本的"Task Builder"和进阶的"Task Writer"编程功能。在完成了前面介绍的工作单元设置之后，可以通过"Task Builder"进行基本的机器人自动化任务设计。

1）创建任务

在"Task Builder"菜单中单击"New"按钮（如果正在编辑其他任务，先单击左上角的"Menu"按钮，然后单击"New"按钮），选择要创建的工作单元，单击">"按钮将选定项移至列表。单击"Next"按钮，并输入任务名称，单击"Confirm"按钮，就可以开始编辑具体任务了。

2）编辑任务

"Task Builder"菜单中提供了已封装的任务指令，可通过编辑界面的指令列表添加指令，配置了所添加的指令后，便可以执行任务。"Task Builder"界面提供了添加、删除、复制和更改命令顺序等编辑功能。在"Task Builder"界面中，如果尝试单击主界面或工作单元按钮，那么会提示是否保存正在编辑的任务。编辑任务界面如图 4-34 所示，①是"Tools"菜单，提供多选、复制、剪切、删除及注释功能；②是"Task List"（任务列表），初始化的任务列表中有 3 行程序，分别是"GlobalVariables""MainSub""EndMainSub"，用户在"MainSub"和"EndMainSub"之间插入想定义的功能；③是"Command"（命令）选项卡，显示可添加到"Task List"中的命令，单击某个命令即可将其添加到光标所在行的下一行；④是"Property"选项卡，可配置或查看当前选中命令的属性；⑤是"Variable"选项卡，可添加系统变量或跟踪任务中使用的全局变量和系统变量；⑥是"Play"（执行）选项卡，可以在虚拟/实时模式下执行任务。

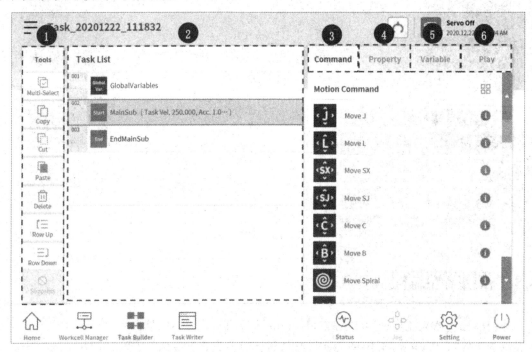

图 4-34　编辑任务界面

3）导入外部文件

在执行某些命令时，需要导入外部存储设备中的任务文件，如图 4-35 所示，步骤如下。

图 4-35　导入外部文件

（1）将存储介质连接至控制器或计算机的 USB。

（2）在"Task Builder"界面中单击"Import"（导入）按钮。

（3）单击"Search"按钮。

（4）"Search File"窗口显示时，选择要导入的文件，单击"Confirm"按钮。

（5）单击界面右下角的"Import"按钮，导入文件。

4）执行任务

"Task Builder"的任务执行有两种模式：虚拟模式和实时模式。虚拟模式和实时模式的切换通过仿真窗口上方的切换按钮实现的。虚拟模式界面如图 4-36 所示，①是模式切换开关；②是任务执行的时间；③、④、⑤是放大、缩小和旋转按钮；⑥用于切换窗口视角；⑦用于机器人运行速度设置；⑧是"暂停"按钮；⑨是"开始"按钮；⑩是任务列表。

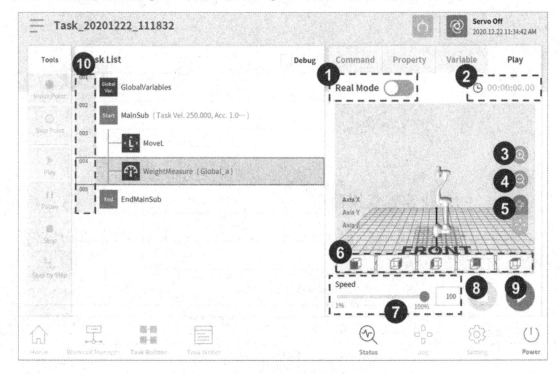

图 4-36　虚拟模式界面

单击"开始"按钮，若程序正确，则仿真窗口会显示机器人从当前位置运动到目标位姿的运动过程；若程序存在问题，则会弹出错误信息窗口，可根据提示，检查错误原因。

单击模式切换开关，进入实时模式界面。图 4-37 所示为实时模式的工具末端执行器选项卡界面。①是模式切换开关；②和③分别是任务执行时间和任务数；④是执行任务的平均周期时间；⑤可以在机器人末端执行器的信息界面和 I/O 信息界面切换；⑥显示 TCP 信息；⑦显示工具质量信息；⑧是机器人当前定位区域的碰撞灵敏度；⑨是当前参考坐标系中力的信息；⑩用于设定机器人的速度；⑪和⑫分别是"暂停"和"开始"按钮；⑬显示运行程序的单个命令的时间信息。在实时模式下运行时，机器人按照指令执行运动，在界面中会显示 I/O 状态和末端力状态等信息。

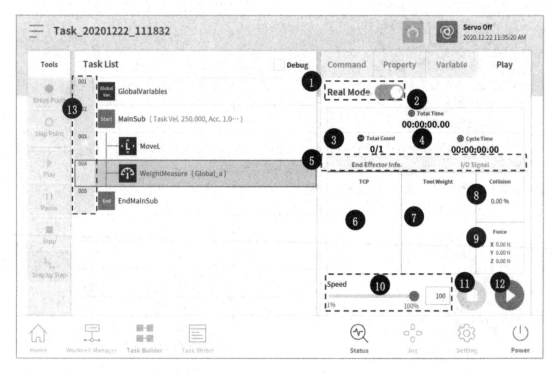

图 4-37　实时模式的工具末端执行器选项卡界面

4.3.2　图形化编程常用命令

Task Builder 提供了运动命令、流控制命令、力控制命令来创建用户的机器人操作任务，如表 4-1~表 4-3 所示。

表 4-1　运动命令

名　　称	对应指令及示例
Move J	将机器人移动到目标关节坐标
Move L	将机器人沿直线移动到目标作业空间坐标
Move S	沿着连接多个路径点和目标点的曲线移动机器人
Move SJ	沿着连接以关节坐标定义的多个路径点和目标点的曲线移动机器人
Move C	沿着当前点、路径点和目标点组成的弧移动机器人
Move B	沿着连接工作区域内的多个路径点和目标点的直线和弧移动机器人
Move Spiral	沿着从中心延伸到外侧的螺旋线路径移动机器人
Move Periodic	沿着具有周期变化的路径移动机器人
Move JX	将机器人移动到关节空间目标位置，目标位置以坐标位置定义，机器人不会沿着直线运动
Stop Motion	停止任务

表 4-2　流控制命令

名　　称	对应指令及示例
If	条件命令
Else If	条件命令

续表

名　称	对应指令及示例
Repeat	重复执行一个任务
Continue	返回到 Repeat 的第一个命令
Break	退出 Repeat 命令
Exit	结束任务
Sub	在任务内定义子例程
Call Sub	执行定义的子例程
Thread	定义任务内的线程
Run Thread	执行定义的线程
Kill Thread	结束线程执行
Sub Task	定义任务内的线程
Call Sub Task	执行定义的子任务
Wait	临时停止任务
User Input	在任务执行过程中接收用户输入并将其保存在变量中
Watch Smart Pendant	控制功能按钮的指令

表 4-3　力控制命令

名　称	对应指令及示例
Compliance	柔度控制指令
Force	力控制指令
Comment	将指定的信息保存在日志中
Custom Code	插入和执行 DRL 代码
Define	在程序中定义变量
PopUp	弹出窗口
Set	在任务执行过程中执行设置
Weight Measure	在任务执行过程中测重并将结果保存在变量中
Wait Motion	完成上一运动命令后暂时停止机器人
GlobalVariables	添加全局变量

第 5 章　Windows 脚本编程：DART Studio

第 4 章介绍了通过图形化界面快速实现机器人规划控制的方法，但是，在进一步学习和使用机器人的过程中，离线脚本编程的方法在实际中应用得更加广泛和高效。本章将介绍结合脚本编程与图形化仿真实现机器人规划控制的方法，实现机器人的轨迹控制、运动信息的读取及其图形化界面的展示。将基于 A0509s 协作机械臂，通过其仿真编程软件 DART Studio 进行协作机械臂的离线编程项目的配置、编程方法及控制示例。

5.1　DART Studio 总览

DART Studio 的界面如图 5-1 所示，功能区介绍如表 5-1 所示。

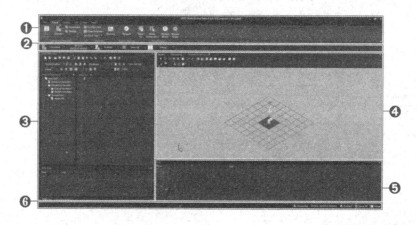

图 5-1　DART Studio 的界面

表 5-1　功能区介绍

编　号	功 能 区	介　　绍
1	主菜单	包含文件、控制、工具、视图等选项卡
2	监控栏	显示有关主系统状态的信息
3	任务管理器	管理用于机器人控制的窗格，有 3 种类型：项目浏览器、DRL 编辑器和变量监控
4	监控窗口	管理用于机器人监控的窗格，有 3 种类型：监控、图形和运动监控
5	消息窗口	显示日志消息，主要是与控制器的通信，以及来自机器人的系统报警历史记录
6	状态栏	显示软件当前状态

5.1.1　窗口显示与主题

在主菜单上选择"View"选项卡，勾选各窗口的复选框即可显示对应信息窗口，如图 5-2 所示。

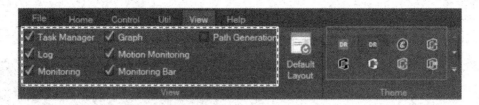

图 5-2　"View"选项卡

可以通过右侧方框中的按钮切换显示主题。

5.1.2　更改窗口布局

需要更改窗口布局时，拖动窗口可将其码垛在所需位置，如图 5-3 所示。

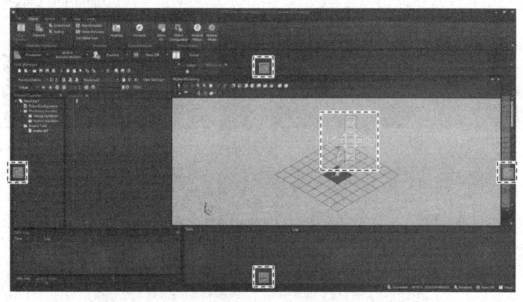

图 5-3　更改窗口布局

添加选项卡组时，应先右击选项卡，然后在弹出的菜单上选择"New Horizontal Tab Group"或"New Vertical Tab Group"选项，如图 5-4 所示。

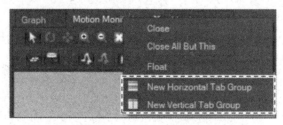

图 5-4　添加选项卡组

5.1.3　连接控制器

当程序启动时，DART Studio 会自动尝试连接控制器。若成功连接到控制器，则首先在监控栏上更新连接状态，然后在实际机器人控制器和模拟器之间选择需要连接的控制器类型，根据选定的连接目标自动设置 IP 地址。默认机器人控制器的 IP 地址为 192.168.137.100，模拟器 IP 地址为 127.0.0.1。仅当控制器（模拟器）未连接时才能设置，如图 5-5 所示。

图 5-5　连接控制器

要断开控制器的连接，在主菜单中单击"Disconnect"按钮即可。更改 IP 地址的方法为：单击"Setting"按钮，在弹出窗口的"Controller IP Address"文本框中输入目标 IP 地址，假设机器人控制器的 IP 地址是 192.168.137.100，在图 5-6 中，在"Controller IP Address"文本框输入此 IP 地址后，先单击"OK"按钮，再单击"Connect"按钮。

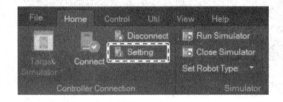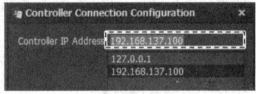

图 5-6　断开控制器的连接

5.1.4　使用模拟器

在使用模拟器之前，必须连接到模拟器，将控制器的 IP 地址更改为 127.0.0.1，尝试连接模拟器。如果在连接目标中选择模拟器，将自动连接到模拟器，而无须单独的 IP 设置。连接到模拟器后，在主菜单上选择"Home"选项卡，单击"Run Simulator"按钮，如图 5-7 所示。

图 5-7　使用模拟器

在默认情况下，模拟器的机器人型号设置为 M1013。当要操作的机器人型号不是 M1013 时，需要更改机器人型号。例如，机器人型号为 A0509s 时，在主菜单上选择"Home"选项卡，在"Set Robot Type"下拉列表中选择"A0509s"选项，单击"Run Simulator"按钮，仿真窗口中会更新 A0509s 对应的机器人模型。

5.2　系统监控

5.2.1　监控栏

监控栏主要显示用户控制机器人所需的状态，如图 5-8 所示。

图 5-8 监控栏

图 5-8 中的功能依次如下。

- Connected（连接状态）：显示控制器的连接状态。
- M1013-XXXXXX-MXXXX（机器人型号）：显示当前连接机器人的型号和序列号。
- Enabled（控制权限）：显示是否启用控制。
- Servo Off/On（控件状态）：显示当前控件状态。
- Virtual/Real（系统模式）：显示当前系统模式为虚拟或实时。

5.2.2 监控窗口

监控窗口以表格的形式显示控制器当前的控制状态，如图 5-9 所示。

图 5-9 监控窗口

每行显示一个监控项目，列数因每个监控项目的维度而异。例如，"Joint Space"（关节空间）需要 6 列来显示关节轴 1~6 的值，"Control Information"（控制器数字输入）需要 16 列来显示端口 1~16 的状态。

大多数状态值每 100 ms 更新一次。在 IO 状态下，状态值发生更改的同时更新。IO 监控窗口如图 5-10 所示。

图 5-10 IO 监控窗口

5.2.3　图形窗口

状态监控信息（见图 5-11）在图形窗口中以图形的形式提供。在每张数据图中，X 轴是以 ms 为单位的时间，Y 轴是数据的值。数据每 100 ms 更新一次，随着新数据的添加，数据从右向左流动。

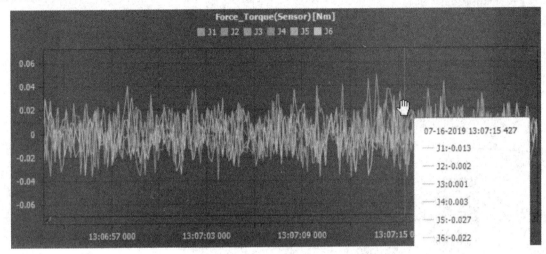

图 5-11　状态监控信息

- 值光标：在图形上移动鼠标光标，鼠标光标位置的值将显示在工具提示中。
- 放大：当鼠标光标位于图形上时，向上滚动鼠标滚轮。
- 缩小：当鼠标光标位于图形上时，向下滚动鼠标滚轮。
- 移动：使用滚动键移动数据窗口位置（见图 5-12），或者在按下鼠标左键的同时向左或向右移动鼠标光标。

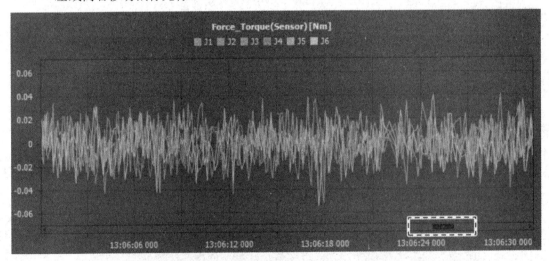

图 5-12　使用滚动键移动数据窗口位置

更改图形布局可以配置图形布局和数据类型。更改图形布局和数据类型时，单击"Set Graph Layout" ⚙ 按钮，选择图形布局类型，它支持从"1×1"到"2×3"，为每个图形指定数据类型，单击"OK"按钮。如图 5-13 所示。

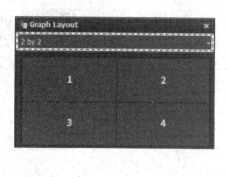

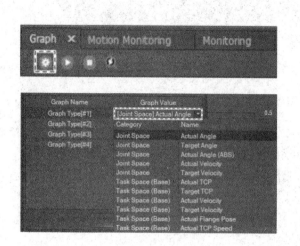

图 5-13　更改图形布局

停止实时监控，单击"Stop" 按钮；恢复监视，单击"Play" 按钮；初始化缩放比例，单击"Init Zoom Level" 按钮。

5.2.4　运动监控窗口

运动监控（Motion Monitoring）窗口（见图 5-14）在 3D 查看器中显示当前机器人位姿。位姿信息每 100 ms 更新一次。

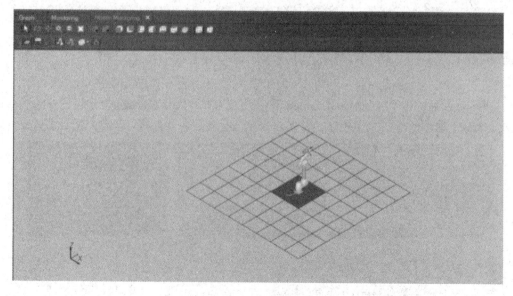

图 5-14　运动监控窗口

此部分内容都集成在图 5-15 所示的控制栏中，强烈建议读者自行尝试使用该部分的操作。

图 5-15　运动监控窗口的控制栏

5.3　系统控制

DART Studio 允许两个或多个用户同时连接到协作机器人的控制器系统。例如，一个教学用户接入，同时多个学生用户接入，但是控制权限默认在教学用户，只有当学生用户发出请求并通过以后，才能获取控制权限，从而操作机器人实体。如果每个用户都尝试操纵机器人或更改安全配置，那么在实际运行时会出现冲突，因此仅允许拥有控制权限的用户控制机器人。若某用户想用服务工具控制机器人，则必须先获取控制权限。获取控制权限时，应在主菜单上选择"Home"选项卡，单击"Request"按钮，如图 5-16 所示。

图 5-16　主菜单上的"Request"按钮

在当前具有控制权限的另一个用户程序中，会弹出一个查询窗口，如果单击该窗口中的"Enabled"按钮，控制权限将授予请求的用户，UI 状态将更新为图 5-17。

图 5-17　获取控制权限的 UI 状态

要打开"Robot Configuration"（机器人配置）窗口，先在主菜单上选择"Control"（控制）选项卡，然后单击"Robot Configuration"按钮或双击"Task Manager"项目树中的"Robot Configuration"选项，如图 5-18 所示。注意，必须先打开项目才能打开机器人配置窗口。

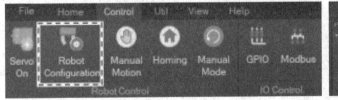

图 5-18　打开机器人配置窗口

5.3.1　机器人配置的一般步骤

（1）打开 DART Studio 后，会默认生成一个脚本项目，在软件窗口的左下角有一个项目树，在默认创建的项目树中选择一个配置项目，单击"Modify Item"（修改项目）按钮，如

图 5-19 所示。也可以通过右击项目树的配置项目并选择"Modify Item"选项进行编辑。

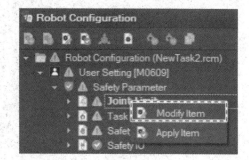

图 5-19 修改项目

（2）编辑设置后，单击"Confirm"按钮。编辑窗口关闭，该设置应用于系统。若在系统中成功设置，则会更新系统设置。图 5-20 所示为关节限制的设置界面。

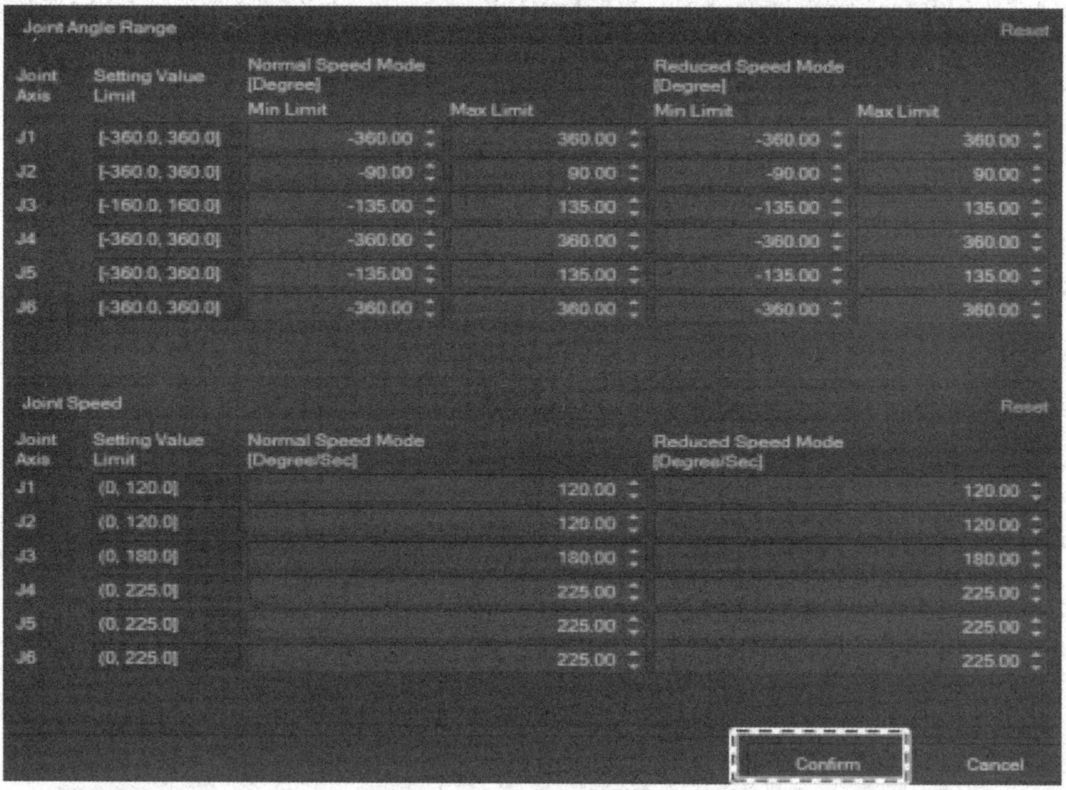

图 5-20 关节限制的设置界面

5.3.2   安全区域概述

有 5 种类型的安全区域，介绍如下。

1）操作空间

操作空间（见图 5-21）是限制机器人操作的安全区域。如果机器人（包括工具）的任何部分超出区域，将调用 TCP_SLO 冲突错误。它在几何上可定义为长方体、圆棱镜或平面棱镜。

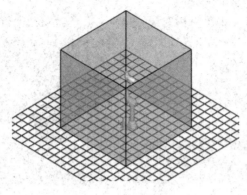

图 5-21　操作空间

2）协作工作区域

协作工作区域是用户与机器人协作的安全区域，如图 5-22 所示。它的工作区域称为独立工作空间（Stand-alone Workspace），这是一个机器人自主操作的空间。当机器人在自主模式下移动且机器人末端 TCP 处于协作工作区域时，操作速度模式将更改为减速模式。

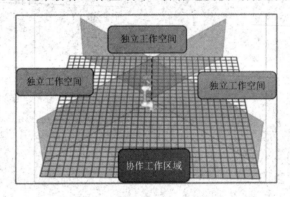

图 5-22　协作工作区域

3）保护区域

保护区域（见图 5-23）是保护机器人附近环境物体的安全区域。如果机器人（包括工具）的任何部分与区域定义的形状发生碰撞，将调用 TCP_SLO 冲突错误。它在几何上可定义为长方体、球体或多边形棱镜。

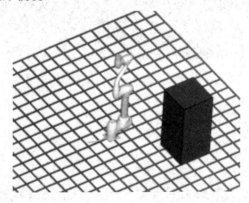

图 5-23　保护区域

4）碰撞检测静音区域

碰撞检测静音区域是一个安全区域，在该区域中，碰撞检测暂时禁用，或者当机器人末端 TCP 位于该区域内时，应用本地碰撞敏感度。它在几何上可定义为长方体、球体、圆柱体、倾斜长方体和多边形棱柱体。它有如下 3 个分区属性。

- 冲突检测打开/关闭：若属性处于关闭状态，则当机器人末端 TCP 位于该区域内时，将禁用冲突检测；若该属性处于打开状态，则局部碰撞敏感度属性将应用于碰撞检测。
- 碰撞敏感度：局部碰撞敏感度应用于碰撞检测。
- 动态区域启用：若设置了该属性，则仅当启用了相应的安全输入通道时，才会启用碰撞检测静音区域。

5）刀具方向限制区域

刀具方向限制区域（见图 5-24）是一个安全区域，当机器人末端 TCP 位于该区域内时，刀具方向（Tool Direction）受到限制。如果刀具方向违反限制条件，将调用 TCP_SLO 违规错误。它在几何上可定义为长方体、球体、圆柱体、倾斜长方体和多边形棱柱体。它有如下 2 个分区属性。

- 限制方向（Limit Direction）：基于全局协调的违反限制方向。
- 限制角度（Limit Angle）：沿极限方向的违反限制角度。

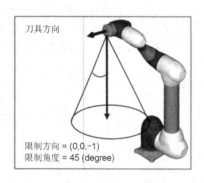

图 5-24　刀具方向限制区域

5.3.3　手动控制

要手动控制机器人的运动，应在主菜单上选择"Control"选项卡，单击"Manual Motion"按钮。手动控制（Manual Motion）的任务窗口如图 5-25 所示。

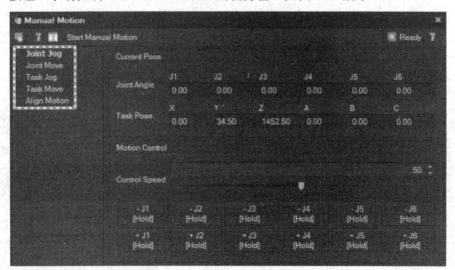

图 5-25　手动控制的任务窗口

手动控制的任务窗口中提供了"Joint Jog"（关节点动）、"Joint Move"（关节移动）、"Task Jog"（任务点动）、"Task Move"（任务移动）和"Align Motion"（对齐运动）功能。

可以使用左上侧的按钮执行伺服打开、更改虚拟/实时模式操作。也可以在右上侧看到当前控制状态和系统模式。所有手动动作均由用户的"Hold To Run"（保持运行）操作运行。保持运行意味着机器人仅在按下操作按钮时移动。如果松开按钮，机器人会立即停止。在运动控制中，每个关节角值都以度为单位显示，其速度以度/秒为单位显示。对于任务位姿，平移部分（*X*、*Y*、*Z* 位置）以毫米为单位显示，方向部分（*A*、*B*、*C* 方向，即 *Z-Y-Z* 欧拉角）以度为单位显示。对于任务速度，平移部分的速度以毫米/秒为单位显示，定向部分的速度以度/秒为单位显示。

5.3.4　故障恢复

发生故障时，机器人将通过停止模式来停止运动。发生故障时的停止模式及其动作如表 5-2 所示。

表 5-2　发生故障时的停止模式及其动作

停 止 模 式	动　　　作	控制器状态
STO	立即断开电机电源	Servo Off
SS1	机器人运动完全停止后，电机电源被断开	Servo Off
SS2	机器人运动停止，无须断开电机电源	Safety Stop

要从"Servo Off"恢复控制器状态，可在主菜单上选择"Control"选项卡，单击"Servo On"按钮；要从"Safety Stop"恢复控制器状态，单击"Control"选项卡中的"Release Safety Stop"按钮。

当发生与位置相关的故障（如 JOINT_SLP、TCP_SLP 或 TCP_SLO）时，即使单击"Servo On"或"Release Safety Stop"按钮，也会再次发生相同的故障，并且返回到故障状态。在这种情况下，必须更改机器人位姿以避免违规。

1）恢复模式

要更改故障情况下的机器人位姿，应选择主菜单上的"Control"选项卡，单击"Recovery Mode"（恢复模式）按钮（见图 5-26），弹出恢复运动窗口，单击"Servo On"按钮，控制器状态变为恢复模式。各关节的控制按钮都处于可单击状态，可以通过类似点动模式进行关节控制。

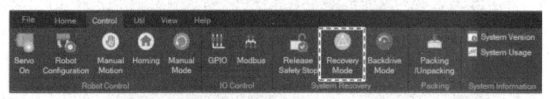

图 5-26　"Recovery Mode"按钮

恢复运动支持两种手动运动：关节点动和关节移动，与示教器点动运动基本相同。不同的是，在恢复模式下，不执行位置违规检查。因此，可以将机器人关节移动到其硬件极限，而忽略用户设定的关节限制。

2）反向驱动模式

当发生故障时，需要通过释放制动器来移动机器人，在主菜单上选择"Control"选项卡，单击"Backdrive Mode"（反向驱动模式）按钮（见图 5-27），弹出"Backdrive Recovery"（反向驱动恢复）窗口（见图 5-28）。

图 5-27　"Backdrive Mode"按钮

注意，必须重新启动系统才能释放反向驱动模式。在系统重新启动之前，软件的其他功能无法操作。

要释放制动器以手动移动机器人关节，可以单击"Release"（释放）按钮。要设置制动器，可以单击"Look"（锁定）按钮。

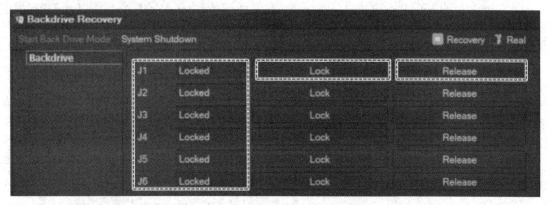

图 5-28　"Backdrive Recovery"窗口

若恢复完成，则单击"System Shutdown"（系统关闭）按钮关闭系统，如图 5-29 所示。

图 5-29　"System Shutdown"按钮

5.4　脚本命令编程及调试

本节介绍如何创建项目、编写脚本命令，以及调试执行不同的命令。

5.4.1　创建项目

单击"新建"按钮，创建一个新项目，并选择项目文件的保存路径。任务管理菜单的操作按钮及创建生成的项目树，如图 5-30 所示。

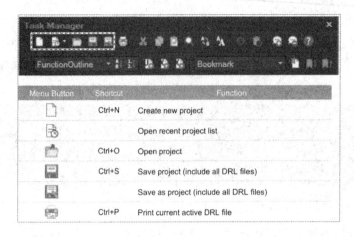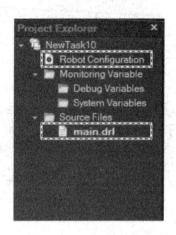

图 5-30　任务管理菜单

创建了一个项目后，会自动生成一个 main.drl 文件和机器人配置。此外，机器人的基础设置（Robot Configuration）和 DRL 程序（Monitoring Variable 和 Source Files）都在所建立项目（见图 5-30 右侧的 NewTask10）的基础上存储和管理。双击 mian.drl 文件，可打开 DRL 程序进行编辑。Robot Configuration 是机器人和末端工具的相关设置，设置方法见 5.3.1 节。

5.4.2　DRL 程序编辑器

在项目菜单栏中，有程序编辑相关的基本功能，如剪切、复制、粘贴和查找等类似文本编辑器的常用功能，下面对程序编辑和运行的相关基础功能进行介绍。

1）DRL 程序编辑窗口

DRL 程序编辑窗口如图 5-31 所示，①是标签区域，单击可以设置/取消行断点；②是行号；③是程序编辑区域，在这里编写机器人运行脚本程序。

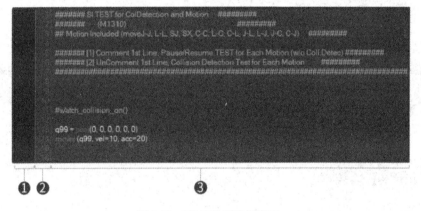

图 5-31　DRL 程序编辑窗口

2）运行脚本程序

运行脚本程序如图 5-32 所示，在 main.drl 文件中编写好程序后，在菜单栏中选择"Virtual"模式，确定机器人处于 Auto 模式，单击"开始"按钮，程序开始执行，可以在右侧的仿真窗口中看到机器人在按 DRL 命令运动。

Menu Button	Shortcut	Function
●	F9	Set or clear a breakpoint on DRL file
🗑	Ctrl+Shift+F9	Delete all breakpoints set on the DRL file
Virtual ▾		Choose whether to run the program in real mode or in virtual mode
▶	F5	Play DRL Program
⏹	Shift+F5	Stop DRL Program
⏸	Ctrl+Alt+Break	Pause DRL Program
⏭	F5	Continue running on DRL program

图 5-32　运行脚本程序

3）消息窗口

程序运行时，界面下方有消息窗口，如图 5-33 所示。可以在消息窗口中的"DRL Log"和"Variable Watch"选项卡中查看 DRL 程序运行日志和程序运行过程中的变量参数变化。

图 5-33　消息窗口

4）基本语法格式

编写程序前，应了解程序的基本语法格式。在 DRL 程序编辑器中，函数被高亮显示，注释为绿色字体，在行首加上"#"进行注释，或者选中要注释的程序，单击项目所在的子菜单栏中的"注释"按钮。注释程序示例如图 5-34 所示。

图 5-34　注释程序示例

程序的语法基于 Python 语言，其语法格式可以参考 Python 编程的规则，如变量直接定义并进行初始化，行尾无须符号表征结束等。

5）保存和加载程序

单击菜单栏的"保存"按钮可以保存程序，要新建或导入一个脚本文件，选中项目树中的"Source Files"项目并右击，可进行新建或导入操作，如图 5-35 所示。

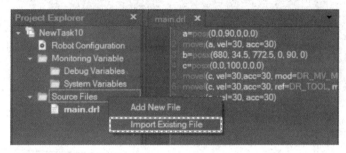

图 5-35　新建或导入脚本文件

6）函数大纲

函数大纲（Function Outline）用于自定义函数，当用户编写了一个函数文件并保存时，函数大纲会更新。在函数大纲列表中选择一个函数，会转到函数定义处，如图 5-36 所示。

要快捷插入机器人当前关节角，可以通过图 5-37 中的角度按钮或 Ctrl+Q 组合键。类似地，还有插入当前基坐标位姿（Ctrl+E）和插入世界坐标位姿（Ctrl+W）。

图 5-36　函数大纲

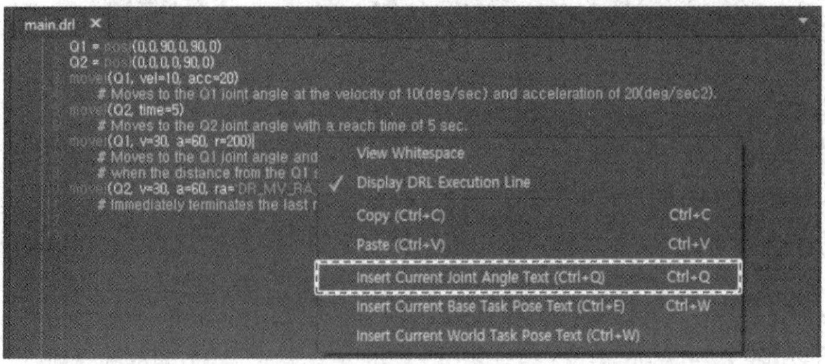

图 5-37　插入机器人当前关节角

7）获取 DRL 编程帮助

单击"DRL 帮助"按钮或按 F1 键，会打开 DRL 编程帮助界面，可以帮助你了解 DRL 里函数的功能和使用方法，在图 5-38 的列表中，目录的第一项"DRL Basic Syntex"就是 DRL 语言的基本语法介绍。

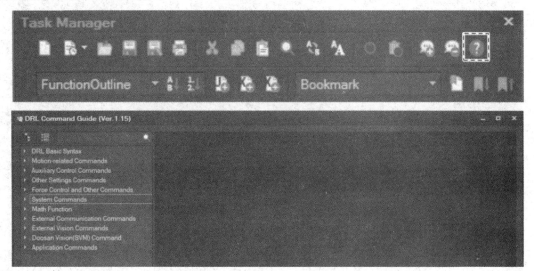

图 5-38　DRL 编程帮助界面

在 DRL 编程帮助界面中搜索命令的名称，在出现的列表中单击某个命令，会出现对应的函数指令的用法和说明，如图 5-39 所示。

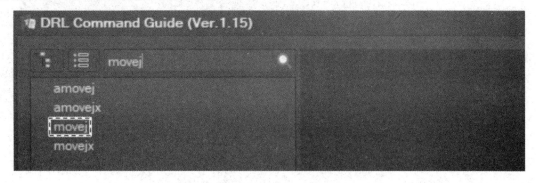

图 5-39　搜索命令

5.4.3　DRL 常用 API 函数

本节介绍斗山协作机器人官方提供的 API 函数中常用的几种函数及用法。

1）设定位姿

机器人位姿有两种方法表达，一种是关节空间的各轴关节角表示，另一种是笛卡儿空间的四元数表达。通过标准 API 函数定义机器人坐标点的程序示例如下。

```
#1 设定关节空间坐标以 6 轴的关节角表示
#设定了一个坐标 q1，关节 3 为 90°，关节 5 为 90°
q1 = posj(0, 0, 90, 0, 90, 0)
q2 = posj([0, 30, 60, 0, 90, 0])
```

```
#2 设定坐标，以参考坐标系的坐标和欧拉角表示
# x1 坐标空间位置为(400, 300, 500)，欧拉角为(0, 180, 0)
x1 = posx(400, 300, 500, 0, 180, 0)
x2 = posx([350, 350, 450, 0, 180, 0])
# 0 是绕参考坐标系 Z 轴旋转的角度，180 是基于旋转后的坐标系 Y 轴旋转的角度
# 0 是绕上一步旋转后的坐标系 Z 轴旋转的角度
x3 = posx(x2)

#3 基于参考坐标系旋转一定角度，并返回设定坐标系中旋转后的角度
#定义坐标点
x1 = posx(200, 200, 200, 0, 180, 0)
#定义坐标变换值
delta = [100, 100, 100, 0, 0, 0]
#使用 trans 函数，将基坐标系的 x1 旋转 delta
#将旋转之后的坐标赋予 x2，DR_BASE 代表基于基坐标系
x2 = trans(x1, delta, DR_BASE, DR_BASE)
```

2）机器人运动相关函数

机器人运动时，需要设定运动的速度和加速度。此外，根据运动路径的不同，有不同的运动方法，如关节空间运动、笛卡儿空间的直线运动、曲线运动等。关节运动中全局速度和加速度设置的程序示例如下。

```
#设定关节运动中的全局速度和加速度
set_velj(30)          #设定机器人全局速度为 30deg/sec
set_accj(60)          #设定机器人全局加速度为 60deg/sec²
movej(q1)             #未设定速度和加速度，以全局速度和加速度运动到 q1
movel(q1, v=30,a=100) #直线运动到 q1，速度为 30deg/sec，加速度为 100deg/sec²
#以全局速度和加速度，沿着经过机器人当前位置 q2 和 q3 的弧线运行
movec(q2, q3)
```

第 6 章　Linux 环境编程：ROS 概述

机器人操作系统（Robot Operating System，ROS）是一个适用于机器人的开源的元操作系统。本章将对 ROS 的架构、特性和安装方式进行简要介绍，简要概述 ROS 的基础知识。

6.1　ROS 简介

ROS 提供了操作系统应有的服务，包括硬件抽象、底层设备控制、常用函数的实现、进程间消息的传递及包管理，提供了用于获取、编译、编写和跨计算机运行代码所需的工具和库函数。

ROS 运行框架是一种基于 ROS 通信基础结构的松散耦合点对点进程网络，实现了几种不同的通信方式，包括基于同步远程服务调用（Remote Procedure Call，RPC）协议通信的服务（Services）机制、基于异步流数据的话题（Topics）机制及用于数据存储的参数服务器（Parameter Server）。

ROS 不是一个实时的控制架构，但可以嵌入实时程序，其有如下特点。

- 测试方便：ROS 内建单元集成测试框架——Rostest，可以轻松安装或卸载需要测试的模块。
- 独立性：开发模型基于不依赖 ROS 的库函数编写而成，且软件已经实现了 Python、C++和 Lisp 版本。同时，Java 和 Lua 版本的实现正在实验中。
- 可扩展性：可适用于大型实时的运行系统。

6.2　ROS 安装

ROS 兼容性最好的是 Linux 的 Ubuntu 系统，因此建议读者首先安装开源的 Ubuntu 系统。由于 Ubuntu 系统版本和 ROS 版本一一对应，因此本书推荐读者安装 Ubuntu20.04 和 ROS Noetic 版本。Ubuntu 可以选择安装与 Windows 并存的双系统或在 Windows 环境下安装虚拟机，推荐前者，具体的安装不再赘述，本书仅介绍 ROS Noetic 版本的安装。

6.2.1　配置 Ubuntu 软件仓库

配置 Ubuntu 软件仓库（Repositories）以允许使用"restricted""universe""multiverse"存储库。请参考 Ubuntu 软件仓库指南。

6.2.2　设置 sources.list

配置计算机的源代码获取链接，使其可以安装来自 packages.ros.org 的软件。打开终端

（Ctrl+Alt+T），输入如下内容。

```
sudo sh -c 'echo "deb http://packages.ros.org/ros/ubuntu $(lsb_release -sc) main" > /etc/apt/sources.list.d/ros-latest.list'
```

6.2.3 设置密钥

打开终端（Ctrl+Alt+T），输入如下内容。

```
sudo apt-key adv --keyserver 'hkp://keyserver.ubuntu.com:80' --recv-key C1CF6E31E6BADE8868B172B4F42ED6FBAB17C654
```

若无法连接到密钥服务器，则可以尝试替换上面命令中的 hkp://keyserver.ubuntu.com:80 为 hkp://pgp.mit.edu:80。

6.2.4 安装

首先，确保软件包索引目录是最新的，在终端中输入如下内容。

```
sudo apt update
```

（1）完整桌面版安装（Desktop-Full）。

```
sudo apt install ros-noetic-desktop-full
```

（2）设置环境。安装完成后，需要在使用 ROS 的每个 bash 终端中用 source 命令执行以下脚本，以添加 ROS 的环境变量。

```
source /opt/ros/noetic/setup.bash
```

便捷操作。

```
echo "source /opt/ros/noetic/setup.bash" >> ~/.bashrc
source ~/.bashrc
```

/.bashrc 是每次启动新的 shell 窗口时自动运行的脚本，echo 命令将 source /opt/ros/noetic/setup.bash 写入其中，即可实现每个新的 shell 窗口自动添加 ROS 的环境变量。

6.2.5 验证安装

打开新的终端，输入如下内容。

```
roscore
```

若不报错，则说明 ROS Noetic 版本安装成功。

6.3 ROS 基础模块

本节将简要介绍 ROS 的部分基础模块。

6.3.1 安装和配置 ROS 环境

1）管理环境
如果查找和使用 ROS 软件包时遇到问题，首先确保正确配置了环境。检查方法为在终端中输入如下内容。

```
printenv | grep ROS
```

如果没有输出，则需要重新执行 6.2.4 节中的 source 命令。

在众多 ROS 教程中，经常会看到两种组织和构建 ROS 代码的说明：rosbuild 和 catkin，但官方已经不再维护 rosbuild，因此本书推荐 catkin 作为组织和构建 ROS 代码的说明，其使用更标准的 CMake 协议，具有更大的灵活性。

2）创建 ROS 工作空间

下面开始构建一个 ROS 软件包的 catkin 工作空间，首先新建目录。

```
mkdir -p ~/catkin_ws/src
cd ~/catkin_ws/
catkin_make
```

mkdir、cd 等是 Linux 中的命令，不熟悉的读者可以首先学习 Linux 的基础命令。

在工作空间中第一次运行 cakin_make 命令时，会在 src 目录下创建一个 CMakeLists.txt 文件，该文件组织整个 ROS 软件包的编译链接属性。

编译完成后，查看当前目录应该能看到 build 和 devel 两个目录。在 devel 目录里面可以看到 setup.bash 文件。source 文件可以将当前工作空间设置在运行环境的顶层。

```
source devel/setup.bash
```

要保证工作空间被安装脚本正确覆盖，需要确定 ROS_PACKAGE_PATH 环境变量是否包含当前工作空间目录。

```
echo $ROS_PACKAGE_PATH
```

正确的输出格式如下。

```
/home/<username>/catkin_ws/src:/opt/ros/noetic/share
```

6.3.2 ROS 文件系统导览

1）预备工作

本教程将用到 ros-tutorials 软件包，运行以下命令安装。

```
sudo apt-get install ros-noetic-ros-tutorials
```

2）文件系统概念

软件包（Packages）：ROS 代码的软件组织单元，每个软件包都包含程序库、可执行文件、脚本或其他构件。

清单（Manifests-package.xml）：对软件包的描述，用于定义软件包之间的依赖关系，并记录有关软件包的信息，如版本、维护者、许可证等。

3）文件系统工具

由于程序代码散落在许多不同的 ROS 软件包中，使用 Linux 内置的命令行工具（如 ls 和 cd）进行查找可能非常烦琐，因此 ROS 提供了专门的命令工具来简化这些操作。下面对这些命令工具进行简单介绍。

（1）rospack。rospack 可以获取软件包的有关信息。例如，find 参数可以返回软件包的所在路径。

```
rospack find [package_name]
```

例如，输入如下内容。

```
rospack find roscpp
```

输出如下内容。

```
YOUR_INSTALL_PATH/share/roscpp
```

若在 Ubuntu 系统上通过 apt 安装 ROS，则可以看到如下内容。

```
/opt/ros/noetic/share/roscpp
```

（2）roscd。roscd 是 rosbash 命令集的一部分，可以直接切换目录（cd）到某个指定软件包或软件包集中。

用法如下。

```
roscd [locationname[/subdir]]
```

举例如下。

```
roscd roscpp
```

现在使用 UNIX 的 pwd 命令输出当前目录。

```
pwd
```

应该会看到如下内容。

```
YOUR_INSTALL_PATH/share/roscpp
```

可以看到 YOUR_INSTALL_PATH/share/roscpp 和之前使用 rospack find 输出的路径是一样的。

注意，roscd 只能切换到路径已经包含在 ROS_PACKAGE_PATH 环境变量中的软件包，要查看 ROS_PACKAGE_PATH 中包含的路径，输入如下内容。

```
echo $ROS_PACKAGE_PATH
```

ROS_PACKAGE_PATH 环境变量应该包含保存有 ROS 软件包的路径，并且每条路径之间用冒号（:）分隔开。一个典型的 ROS_PACKAGE_PATH 环境变量如下。

```
/opt/ros/noetic/base/install/share
```

跟其他环境变量路径类似，可以在 ROS_PACKAGE_PATH 中添加更多的目录。

（3）跳转到子目录。roscd 也可以切换到一个软件包或软件包集的子目录中。

执行如下命令。

```
roscd roscpp/cmake
pwd
```

可以看到如下内容。

```
YOUR_INSTALL_PATH/share/roscpp/cmake
```

（4）rosls。rosls 是 rosbash 命令集的一部分，直接按软件包名称执行 ls 命令（而不必输入绝对路径）。

用法如下。

```
rosls [locationname[/subdir]]
```

举例如下。

```
rosls roscpp_tutorials
```

应输出如下内容。

```
cmake launch package.xml  srv
```

（5）Tab 补全。

总是输入完整的软件包名称比较烦琐，在之前的例子中，roscpp tutorials 是一个相当长的名称。幸运的是，一些 ROS 命令工具支持 Tab 补全的功能。

输入如下内容。

```
roscd roscpp_tut<<<按 Tab 键>>>
```

按下 Tab 键后，命令行会自动补充剩余部分。

```
roscd roscpp_tutorials/
```

这是因为 roscpp_tutorials 是目前唯一一个名称以 roscpp_tut 开头的 ROS 软件包。

输入如下内容。

```
roscd tur<<<按 Tab 键>>>
```

按下 Tab 键后，命令应该尽可能地自动补充完整。

```
roscd turtle
```

然而，在这种情况下有许多软件包都以 turtle 开头。当再次按下 Tab 键后，会列出所有以 turtle 开头的 ROS 软件包。

```
turtle_actionlib/ turtlesim/      turtle_tf/
```

这时应在命令行中输入如下内容。

```
roscd turtle
```

先在 turtle 后面输入 s，然后按下 Tab 键。

```
roscd turtles<<<按 Tab 键>>>
```

由于只有一个软件包的名称以 turtles 开头，所以会看到如下内容。

```
roscd turtlesim/
```

如果要查看当前安装的所有软件包列表，也可以利用 Tab 补全。

```
rosls <<<按两次 Tab 键>>>
```

4）总结

ROS 命令工具的命名方式如下。

```
rospack = ros + pack(age)
roscd = ros + cd
rosls = ros + ls
```

这种命名方式在许多 ROS 命令工具中都会用到。

6.3.3　创建 ROS 软件包

1）catkin 软件包的组成

catkin 软件包必须符合以下要求。

（1）符合 catkin 规范的 package.xml 文件，提供有关该软件包的元信息。

（2）必须有一个 catkin 版本的 CMakeLists.txt 文件。

（3）每个软件包都必须有自己的目录，这意味着在同一个目录下不能有嵌套的或多个软件包。

最简单的软件包如下（缩进代表子文件或子目录）。

```
my_package/
  CMakeLists.txt
  package.xml
```

2）创建 catkin 软件包

切换到创建的空白 catkin 工作空间中的源文件空间目录。

```
cd ~/catkin_ws/src
```

现在使用 catkin_create_pkg 命令来创建一个名为 beginner_tutorials 的新软件包，这个软件包依赖 std_msgs、roscpp 和 rospy。

```
catkin_create_pkg beginner_tutorials std_msgs rospy roscpp
```

上述命令将创建一个名为 beginner_tutorials 的目录，这个目录里面包含一个 package.xml 文件和一个 CMakeLists.txt 文件，这两个文件都已经填写了，在执行 catkin_create_pkg 命令时提供的部分信息。

catkin_create_pkg 命令要求输入软件包的名称（package_name）和其依赖的其他软件包，模板如下（不可运行）。

```
catkin_create_pkg <package_name> [depend1] [depend2] [depend3]
```

3）编译 catkin 工作空间

在 catkin 工作空间中编译软件包。

```
cd ~/catkin_ws
catkin_make
```

编译完成后，在 devel 子目录下创建了一个和/opt/ros/$ROSDISTRO_NAME 目录结构类似的结构。

要将这个工作空间添加到 ROS 环境中，需要更新生成的配置文件。

```
bash ~/catkin_ws/devel/setup.bash
```

4）软件包依赖关系

（1）直接依赖。

在运行 catkin_create_pkg 命令时提供了几个软件包作为依赖关系，现在可以使用 rospack 命令工具来查看这些一级依赖包。

```
rospack depends1 beginner_tutorials
std_msgs
rospy
roscpp
```

rospack 列出了在运行 catkin_create_pkg 命令时作为参数的依赖包，这些依赖关系存储在 package.xml 文件中。

```
roscd beginner_tutorials
cat package.xml
```

显示如下内容。

```
<package>
...
  <buildtool_depend>catkin</buildtool_depend>
```

```
<build_depend>roscpp</build_depend>
<build_depend>rospy</build_depend>
<build_depend>std_msgs</build_depend>
...
</package>
```

（2）间接依赖。

在很多情况下，一个依赖包还会有它自己的依赖关系，如 rospy、roscpp 就有其他依赖包。一个软件包可以有相当多的间接依赖关系，使用 rospack 可以递归检测出所有嵌套的依赖包。

```
rospack depends beginner_tutorials
```

6.3.4　理解 ROS 节点

1）计算图概念速览

计算图（Computation Graph）是一个由 ROS 进程组成的点对点网络，它们能够共同处理数据。ROS 的基本计算图概念有节点（Nodes）、主节点（Master）、参数服务器（Parameter Server）、消息（Messages）、服务（Services）、话题（Topics）和袋（Bags），它们都以不同的方式向计算图提供数据。

- 节点：可执行文件，可以通过 ROS 架构与其他节点进行通信。
- 主节点：ROS 的中心命名管理服务器，可以帮助节点发现彼此。
- 消息：订阅或发布话题时所使用的标准 ROS 数据类型。
- 话题：节点可以将消息发布到话题，或者通过订阅话题来接收消息。
- rosout：在 ROS 中相当于 stdout/stderr（标准输出/标准错误）。
- roscore：主节点 + rosout + 参数服务器。

2）节点

节点实际上是 ROS 软件包中的一个可执行文件，是一个能执行特定工作任务的工作单元，并且能够相互通信，从而实现一个机器人系统整体的功能。节点可以发布或订阅话题，也可以提供或使用服务，它是 ROS 中非常重要的一个概念。这里举一个通俗的例子，有一个机器人和一个遥控器，机器人和遥控器开始工作后，就是两个节点。遥控器负责下达指令，机器人负责监听遥控器下达的指令，完成相应动作，这两个节点通过下达指令的信息进行通信，从而实现整个系统的功能。

3）roscore

roscore 是运行所有 ROS 程序前首先要运行的命令。

```
roscore
```

如果 roscore 运行后没有初始化，很有可能是网络配置的问题。如果 roscore 不能初始化并提示缺少权限，可以用以下命令递归地更改该目录的所有权。

```
sudo chown -R <your_username> ~/.ros
```

4）rosnode

rosnode 显示当前正在运行的 ROS 节点信息，rosnode list 命令会列出运行的所有节点。

```
rosnode list
```

会看到如下内容。

/rosout

这表示当前只有 rosout 一个节点在运行。此节点负责收集和记录节点的调试日志，所以在 roscore 启动后，它会一直保持运行。

rosnode info 命令可以显示某个指定节点的信息。

rosnode info /rosout

5）rosrun

rosrun 命令用软件包名称直接运行软件包内的节点，而不需要知道软件包的路径。用法如下。

rosrun [package_name] [node_name]

尝试运行 turtlesim 软件包中的 turtlesim_node 节点。

在一个新终端中输入如下内容。

rosrun turtlesim turtlesim_node

你会看到 TurtleSim 窗口，如图 6-1 所示。

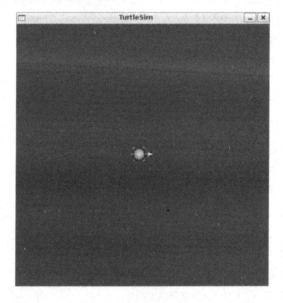

图 6-1　TurtleSim 窗口

在一个新终端中输入如下内容。

rosnode list

你会看到类似下面的输出信息，可以看到，比原来多了/turtlesim 节点

/rosout
/turtlesim

6）总结

本节所涉及的内容如下。

roscore = ros+core：主节点（为 ROS 提供命名服务) + rosout （stdout/stderr）+ 参数服务器
rosnode = ros+node：获取节点信息的 ROS 命令工具
rosrun = ros+run：运行给定的软件包中的节点

6.3.5　理解 ROS 话题

1）开始

首先确保 roscore 正在运行，打开一个新终端，输入如下内容。

roscore

打开一个新终端，输入如下内容。

rosrun turtlesim turtlesim_node

另外，还需要通过键盘来控制小乌龟（turtle），打开一个新终端，输入如下内容。

rosrun turtlesim turtle_teleop_key

输出如下内容。

[INFO] 1254264546.878445000: Started node [/teleop_turtle], pid [5528], bound on [aqy], xmlrpc port [43918], tcpros port [55936], logging to [~/ros/ros/log/teleop_turtle_5528.log], using [real] time
Reading from keyboard

Use arrow keys to move the turtle.

现在选中 turtle_teleop_key 的终端窗口，即可使用键盘上的方向键来控制小乌龟，如图 6-2 所示。

图 6-2　键盘控制小乌龟

2）ROS 话题

上面的运行效果是 turtlesim_node 节点和 turtle_teleop_key 节点之间通过 ROS 话题来相互通信实现的。turtle_teleop_key 节点在话题上发布键盘按下的消息，turtlesim 则订阅该话题来接收该消息，并控制图 6-2 中的小乌龟实现对应的运动。现在使用 rqt_graph 来显示当前运行的节点和话题。

（1）使用 rqt_graph。rqt_graph 用节点图显示 ROS 节点、话题之间的关系。如果未找到或提示没有安装对应的库，则输出如下。

```
sudo apt-get install ros-noetic-rqt
sudo apt-get install ros-noetic-rqt-common-plugins
```

打开一个新终端，输入如下内容，就会看到图 6-3 所示的节点图。

```
$ rosrun rqt_graph rqt_graph
```

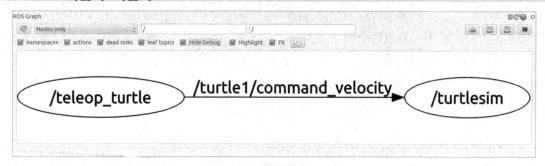

图 6-3　rqt_graph 的节点图

把鼠标指针放在 turtle1/command_velocity 上方，相应的 ROS 节点和话题就会高亮显示。由图 6-4 可以看到，turtlesim 节点和 teleop_turtle 节点正通过 turtle1/command_velocity 话题来相互通信。

图 6-4　rqt_graph 的节点、话题状态

（2）rostopic。rostopic 命令工具可以获取 ROS 话题的信息。

首先，可以使用帮助选项查看可用的 rostopic 的子命令。

```
rostopic -h
```

输出如下内容。

```
rostopic is a command-line tool for printing information about ROS Topics.
ommands:
    rostopic bw     display bandwidth used by topic
    rostopic delay  display delay of topic from timestamp in header
    rostopic echo   print messages to screen
    rostopic find   find topics by type
    rostopic hz     display publishing rate of topic
    rostopic info   print information about active topic
    rostopic list   list active topics
    rostopic pub    publish data to topic
    rostopic type   print topic or field type
Type rostopic <command> -h for more detailed usage, e.g. 'rostopic echo -h'
```

或者在输入 rostopic 之后连续按两次 Tab 键输出可能的子命令。

```
rostopic
bw   echo  find  hz   info  list  pub  type
```

接下来使用其中的一些子命令来调查 turtlesim。

（3）rostopic echo。rostopic echo 可以显示在某个话题上发布的数据，语法格式如下。

```
rostopic echo [topic]
```

以 turtle_teleop_key 节点发布的/turtle1/cmd_vel 数据为例。

```
rostopic echo /turtle1/cmd_vel
```

单独运行这一行命令，可能没有任何输出，因为现在还没有数据被发布到该话题上。可以选中 turtle_teleop_key 的终端窗口，按键盘上的方向键让 turtle_teleop_key 节点发布数据。

当按向上键时，可以看到如下内容。

```
linear:
 x: 2.0
 y: 0.0
 z: 0.0
angular:
 x: 0.0
 y: 0.0
 z: 0.0
---
```

在 rqt_graph 中，单击左上角的"刷新"按钮，如图 6-5 所示，rostopic_14245_1355179857944 现在也订阅了 turtle1/command_velocity 话题。

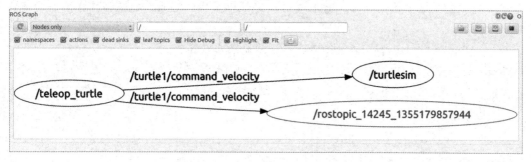

图 6-5　显示新的节点、话题状态

（4）rostopic list。rostopic list 能够列出当前已被订阅和发布的所有话题。

打开一个新终端，查看 list 子命令需要的参数。

```
rostopic list -h
```

输出如下内容。

```
Usage: rostopic list [/topic]
Options:
 -h, --help         show this help message and exit
 -b BAGFILE, --bag=BAGFILE
                 list topics in .bag file
 -v, --verbose      list full details about each topic
```

```
-p          list only publishers
-s          list only subscribers
```

在 rostopic list 中使用 verbose 选项。

```
rostopic list -v
```

会列出所有发布和订阅的话题及其类型的详细信息。

（5）ROS 消息。话题的通信是通过节点间发送 ROS 消息实现的。为了使发布者（turtle_teleop_key）和订阅者（turtulesim_node）进行通信，二者必须发送和接收相同类型的消息。也就是说，话题的类型是由发布在它上面的消息的类型决定的。

（6）rostopic type。rostopic type 命令可以查看所发布话题的消息的类型。

```
rostopic type [topic]
```

举例如下。

```
$ rostopic type /turtle1/cmd_vel
```

界面中出现如下内容。

```
geometry_msgs/Twist
```

可以使用 rosmsg 查看消息的详细信息。

```
$ rosmsg show geometry_msgs/Twist
```

（7）rostopic pub。rostopic pub 可以把数据发布到当前某个正在广播的话题上。

```
rostopic pub [topic] [msg_type] [args]
```

举例如下。

```
rostopic pub -1 /turtle1/cmd_vel geometry_msgs/Twist -- '[2.0, 0.0, 0.0]' '[0.0, 0.0, 1.8]'
```

以上命令会发送一条消息给 turtlesim，告诉它以 2.0 大小的线速度和 1.8 大小的角速度移动。

（8）rostopic hz。rostopic hz 命令可以报告数据发布的速率。

```
rostopic hz [topic]
```

通过如下命令，可以看到 turtlesim_node 节点发布 turtle1/pose 话题的速度有多快。

```
rostopic hz /turtle1/pose
```

显示如下内容。

```
subscribed to [/turtle1/pose]
average rate: 59.354
    min: 0.005s max: 0.027s std dev: 0.00284s window: 58
average rate: 59.459
    min: 0.005s max: 0.027s std dev: 0.00271s window: 118
average rate: 59.539
    min: 0.004s max: 0.030s std dev: 0.00339s window: 177
```

可以看出，turtlesim 正以约 60 Hz 的频率发布有关小乌龟的数据。

3）rqt_plot

rqt_plot 命令可以在滚动时间图上显示发布到某个话题上的数据，在小乌龟的例子中，可以使用 rqt_plot 命令绘制正被发布到 turtle1/pose 话题上的数据。首先，在一个新终端中输入如下内容。

```
rosrun rqt_plot rqt_plot
```

这会弹出一个新窗口（见图6-6），可以在左上角的"Topic"文本框里面添加任何想要绘制的话题。例如，在里面输入"turtle1/pose/x"后，"+"按钮将会变亮。单击该按钮，并对turtle1/pose/y重复相同的过程即可在图中看到小乌龟的 x 和 y 坐标随时间变化的动态曲线。

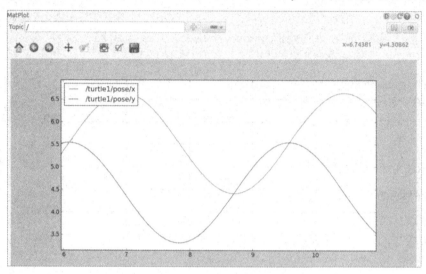

图 6-6 小乌龟的 x 和 y 坐标随时间变化的动态曲线

6.3.6 ROS 服务和 rosparam

1）ROS 服务

服务（Services）是节点之间进行通信的另一种方式，允许节点发送一个请求（Request）并获得一个响应（Response）。rosservice 可以很容易地通过服务附加到 ROS 客户端/服务器框架上。rosservice 有许多可用的命令。

rosservice list	输出活跃服务的信息
rosservice call	用给定的参数调用服务
rosservice type	输出服务的类型
rosservice find	按服务的类型查找服务
rosservice uri	输出服务的 ROSRPC uri

上述命令和rostopic相仿，因此不再一一介绍，感兴趣的读者可以前往 ROS Wiki 查看。

值得注意的是，与 rostopic 不同，服务-客户端是一种同步机制，服务在被客户端（Client）调用时激活，处理从客户端传过来的信息，将处理结果返回给客户端，在返回之前，客户端处于等待状态。而 rostopic 的发布-订阅则是一种异步机制，也就是说发布器（Publisher）只负责往话题上发布消息，而订阅器（Subscriber）只负责从话题上订阅消息，二者不产生直接的关联。

2）rosparam

rosparam 能在 ROS 参数服务器上存储和操作数据。参数服务器能够存储整型（Integer）、浮点（Float）、布尔（Boolean）、字典（Dictionaries）和列表（List）等数据类型。rosparam 使用 YAML 语言的语法，其有很多命令可以用来操作参数。

rosparam set	设置参数
rosparam get	获取参数
rosparam load	从文件中加载参数
rosparam dump	向文件转储参数
rosparam delete	删除参数
rosparam list	列出参数名

读者可参考 ROS Wiki 并仿照前文 rostopic 的介绍自行测试上述功能，在 roscore 的基础上，在 2 个终端中分别运行如下命令。

```
rosrun turtlesim turtlesim_node
rosrun turtlesim turtle_teleop_key
```

查看在 turtlesim 历程中关于 rosparam 的信息，并尝试改写、删除等功能。

6.3.7　使用 roslaunch

使用 roslaunch 可以启动定义在 launch（启动）文件中的节点。

```
roslaunch [package] [filename.launch]
```

首先切换到之前创建的 beginner_tutorials 软件包目录。

```
roscd beginner_tutorials
```

如果 roscd 提示类似 roscd: No such package/stack 'beginner_tutorials'，那么需要按照创建 catkin 工作空间后面的步骤使环境变量生效。

```
cd ~/catkin_ws
source devel/setup.bash
roscd beginner_tutorials
```

然后创建一个 launch 目录。

```
mkdir launch
cd launch
```

1）launch 文件

现在一起创建一个名为 turtlemimic.launch 的 launch 文件，并复制粘贴以下内容。

```
<launch>  <!--首先用 launch 标签开头，以表明这是一个 launch 文件-->
<!-- 此处创建了两个分组，并以命名空间（namespace, ns）标签来区分，其中一个命名为 turtulesim1，
另一个命名为 turtlesim2，两个分组中都有相同的名为 sim 的 turtlesim 节点。这样可以同时启动两个 turtlesim
模拟器，而不会产生命名冲突。-->
  <group ns="turtlesim1">
   <node pkg="turtlesim" name="sim" type="turtlesim_node"/>
  </group>
  <group ns="turtlesim2">
   <node pkg="turtlesim" name="sim" type="turtlesim_node"/>
  </group>
  <!--在这里启动模仿节点，话题的输入和输出重命名为 turtlesim1 和 turtlesim2，这样就可以让 turtlesim2
模仿 turtlesim1 了-->
  <node pkg="turtlesim" name="mimic" type="mimic">
   <remap from="input" to="turtlesim1/turtle1"/>
   <remap from="output" to="turtlesim2/turtle1"/>
```

```
  </node>
</launch>
```

注意，在以上代码中，<!-- … -->的部分为注释，为帮助读者理解代码内容而写，launch
文件实际上是 XML 格式的文档，这是 XML 的注释风格。

2）使用 roslaunch 启动

按照以下步骤，通过 roslaunch 命令来运行 launch 文件。

```
roslaunch beginner_tutorials turtlemimic.launch
```

现在会有两个 turtlesim 被启动，在一个新终端中使用 rostopic pub 命令发送如下内容。

```
rostopic pub /turtlesim1/turtle1/cmd_vel geometry_msgs/Twist -r 1 -- '[2.0, 0.0, 0.0]' '[0.0, 0.0, -1.8]'
```

可以看到两个小乌龟同时开始移动，虽然发布命令只发送给了 turtlesim1。turtlesim 程序
运行可视化界面如图 6-7 所示。

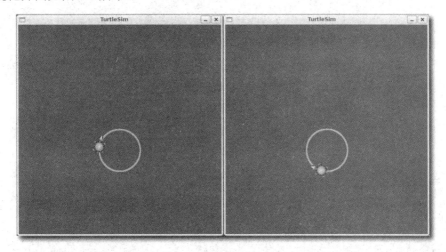

图 6-7　turtlesim 程序运行可视化界面

rqt_graph 能以可视化的方式让读者更好地理解 launch 文件所做的事情。rqt_graph 打印的
ROS 节点-话题结构图如图 6-8 所示运行。

```
rqt_graph
```

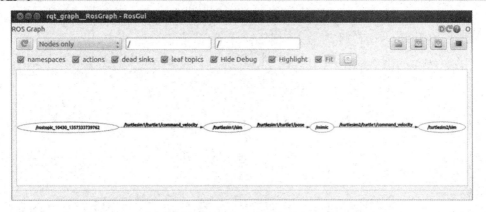

图 6-8　rqt_graph 打印的 ROS 节点-话题结构图

至此，roslaunch 命令的使用已经全部介绍完毕。

6.3.8　创建 ROS 消息（msg）文件和服务（srv）文件

1）msg 文件和 srv 文件

msg 文件：msg 文件就是文本文件，用于描述 ROS 消息的字段。它们用于为不同编程语言编写的消息生成源代码，如 C++的头文件（.h）和 Python 脚本。

srv 文件：一个 srv 文件描述一个服务。

msg 文件存放在软件包的 msg 目录下，srv 文件则存放在 srv 目录下。

msg 文件就是简单的文本文件，每行都有一个字段类型和字段名称。可以使用的类型如下。

```
int8, int16, int32, int64（及 uint*）
float32, float64
string
time, duration
```

其他 msg 文件：可变长度的变量 array[] 和固定长度的变量 array[C]。

ROS 中还有一个特殊的数据类型：Header，它含有时间戳（TimeStamp）和机器人坐标系（frame_id）信息。在 msg 文件的第一行经常可以看到 Header header。

下面是一个使用了 Header、字符串和其他两个消息的示例。

```
Header header
string child_frame_id
geometry_msgs/PoseWithCovariance pose
geometry_msgs/TwistWithCovariance twist
```

srv 文件和 msg 文件一样，只是 srv 文件包含两部分：请求和响应。这两部分用"---"隔开。下面是一个 srv 文件的示例。

```
int64 A
int64 B
---
int64 Sum
```

在上面的例子中，A 和 B 是请求，Sum 是响应。

2）使用 msg 文件

（1）创建 msg 文件。

通过下面的语句，在之前创建的软件包里创建一个新的 msg 文件。

```
roscd beginner_tutorials
mkdir msg
echo "int64 num" > msg/Num.msg
```

上面是最简单的示例，msg 文件只有一行。当然，可以通过添加更多元素（每行一个）来创建一个更复杂的 msg 文件。

```
string first_name
string last_name
uint8 age
uint32 score
```

还有关键的一步，确保 msg 文件能被转换为 C++、Python 和其他语言的源代码。打开 package.xml，确保它包含以下两行代码且没有被注释。

```
<build_depend>message_generation</build_depend>
<exec_depend>message_runtime</exec_depend>
```

在编译 msg 文件时，依赖 message_generation 命令，而在运行 msg 文件时，依赖 message_runtime 命令。在文本编辑器中打开 CMakeLists.txt 文件，为已经存在里面的 find_package 调用添加 message_generation 依赖项，就能编译 msg 文件了。直接将 message_generation 添加到 COMPONENTS 列表中即可。

```
#只需将 message_generation 加在括号闭合前即可
find_package(catkin REQUIRED COMPONENTS
  roscpp
  rospy
  std_msgs
  message_generation)
```

还要确保 msg 文件导出运行时的依赖关系。

```
catkin_package(
 ...
 CATKIN_DEPENDS message_runtime ...
 ...)
```

找到如下代码块。

```
# add_message_files(
#   FILES
#   Message1.msg
#   Message2.msg
# )
```

删除"#"符号来取消注释，将 Message*.msg 替换为对应的 msg 文件名。

```
add_message_files(
 FILES
 Num.msg
)
```

手动添加 msg 文件后，下一步要确保 CMake 工具知道何时需要重新配置项目。因此，必须确保 generate_messages()函数被调用。

```
generate_messages(
 DEPENDENCIES
 std_msgs
)
```

（2）使用 rosmsg。

以上就是创建 msg 文件的所有步骤。重新编译（catkin_make）后通过 rosmsg show 命令测试 ROS 能否识别。

```
rosmsg show beginner_tutorials/Num
```

会看到如下内容。

```
int64 num
```

srv 文件的创建和使用与 msg 文件类似，在此不再赘述。

3）创建 msg 文件和 srv 文件时的一般步骤

创建了一些 msg 文件（新消息）以后，需要重新编译（生成）软件包。

```
# In your catkin workspace
roscd beginner_tutorials
cd ../..
catkin_make
cd -
```

msg 目录中的任何 msg 文件都将生成支持所有语言的代码。C++的头文件将生成在 ~/catkin_ws/devel/include/beginner_tutorials/中。Python 脚本将创建在~/catkin_ws/devel/lib/python2.7/dist-packages/beginner_tutorials/msg 中。而 Lisp 文件则出现在~/catkin_ws/devel/share/common-lisp/ros/beginner_tutorials/msg/中。

类似地，srv 目录中的任何 srv 文件都将生成支持所有语言的代码。对于 C++，头文件将生成在 msg 文件的同一目录中。对于 Python 和 Lisp，会生成在 msg 目录旁边的 srv 目录中。

4）获取帮助

至此，我们已经学习了不少的 ROS 命令工具，但是有时候很难记住每个命令所需的参数。ROS 官方系统提供了帮助。

```
rosmsg -h
```

你可以看到一系列的 rosmsg 子命令。

```
Commands:
  rosmsg show     Show message description
  rosmsg list     List all messages
  rosmsg md5      Display message md5sum
  rosmsg package  List messages in a package
  rosmsg packages List packages that contain messages
```

也可以获得子命令的帮助。

```
rosmsg show -h
```

这会显示 rosmsg show 命令所需的参数。

```
Usage: rosmsg show [options] <message type>
Options:
  -h, --help  show this help message and exit
  -r, --raw   show raw message text, including comments
```

ROS 的学习不是一蹴而就的，读者应该在本章教程的基础上，多多查阅 ROS 官方的帮助文档，广泛浏览 ROS Wiki 等教程，并开展实践，在实践中丰富自己的 ROS 技能。

第二部分　协作机器人编程实训

第7章　拖动示教编程

7.1　拖动示教

7.1.1　实训目的

熟悉和掌握协作机器人的拖动示教功能是认识和使用协作机器人的第一步，是使用协作机器人开展各种进阶任务的基础。本实训采用"青龙2号"机器人平台搭载的斗山A0509s协作机械臂，实现对协作机器人拖动示教功能的认识和掌握。

（1）了解A0509s协作机械臂的主要硬件及工作原理。

（2）基于A0509s协作机械臂了解协作机器人拖动示教功能。

（3）熟悉并掌握协作机器人工作空间自由拖动示教。

（4）熟悉并掌握协作机器人点锁定模式拖动示教。

（5）熟悉并掌握协作机器人轴锁定模式拖动示教。

7.1.2　实训准备

本实训器材主要包括A0509s协作机械臂、计算机及电源。

在实验室老师的指导下，完成以下准备工作。

（1）电源：在实验室老师的指导下，连接机械臂的电源，并打开计算机电源。

（2）连接：打开计算机上的DART Platform，连接计算机和机械臂。

（3）空间：拖动机械臂前，应确保机械臂处于较空旷区间，桌面无障碍物。

（4）控制：通过DART Platform，确认机械臂状态正常，打开机械臂伺服开关。

（5）权限：在设置中，找到"License"许可证，由官方开通锁定拖动功能。

（6）末端坐标：根据4.2.2节中的设置，设置机械臂末端工具坐标系。

7.1.3　实训原理

拖动示教是协作机器人的基本运行方法。当协作机器人处于Servo On状态时，在各关节状态正常的情况下，按下拖动示教按钮后，不对机器人施加外力，机器人静止；对机器人的某一轴施加外力，机器人通过关节力矩传感器读取外界力矩信息，经过机器人动力学计算各关节应输出的力矩。通过机器人运动学规划和机器人应对人类操作意图输出的运动，跟随人类施加的拖动行为。其中，机器人控制器解决了以下问题。

（1）外界力信息感知，感知力信息形成反馈。

（2）根据力信息和当前机器人运动学约束，规划出合理的关节运动参数，在运行过程中可检测是否发生碰撞、到达关节限制或经过奇异点。

（3）输出运动，引导机器人跟随人类意图到达目标点。

7.1.4　实训步骤

1）实训主要流程

（1）启动电源并将机器人与计算机连接。

（2）检查并打开 DART Platform，确认软件版本与机器人控制器版本，获取机器人控制权限。

（3）检查软件界面有无报警信息，若有报警信息，则根据 4.2.5 节中的系统更新流程进行软件更新，消除报警；若无报警信息，则选择主界面下方的"Status"菜单，在弹出的界面右上角单击"Servo On"按钮，使机器人处于 Servo On 状态。

（4）查看位于关节 6 上的操作台按钮，按下拖动示教按钮，拖动机器人在空间中的不同位姿点移动。

（5）修改操作台设置，添加轴锁定模式，按下操作台的"·"按钮，按下拖动示教按钮，完成机器人轴锁定（基于工具坐标系 Z 轴移动）。

（6）修改操作台设置，添加点锁定模式，按下操作台的"··"按钮，进行机器人点锁定拖动操作。

（7）修改操作台设置，将点锁定模式改为平面锁定模式，按下操作台的"··"按钮，按下拖动示教按钮，进行机器人平面拖动。

2）启动机器人

将机器人电源打开，打开控制柜底部的电源开关，机器人开机。通过网线将计算机和控制柜连接，打开计算机中的 DART Platform，其会自动匹配控制器 IP 地址，单击"连接"按钮，系统会检查软件版本与当前机器人控制器版本，若版本匹配，则单击"强制撤回"按钮，可以在 DART Platform 上操作机器人，如图 7-1 所示。

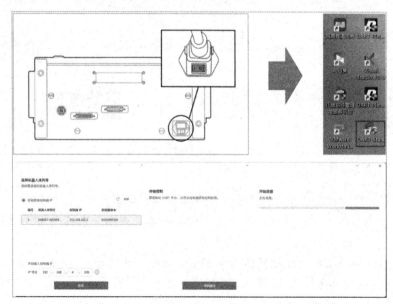

图 7-1　启动机器人流程示意图

3）机器人伺服开启

打开电源并成功连接 DART Platform 后，应先确保机器人操作台上无障碍物，再按以下步骤操作。

（1）选择主界面底部的"Status"菜单，查看右上角的机器人伺服状态是否为 Servo Off，若不是，则应回到上一步，检查是否成功连接 DART Platform。

（2）在界面右上角单击"Servo On"按钮。

（3）当机器人伺服开启时，蓝色指示灯闪烁，此时可以开始下一步操作。

伺服开启示意图如图 7-2 所示。伺服开启后，机器人传来"咔咔咔"声，并且关节 1 上显示蓝色指示灯，代表机器人伺服开启，可以进行拖动示教操作。

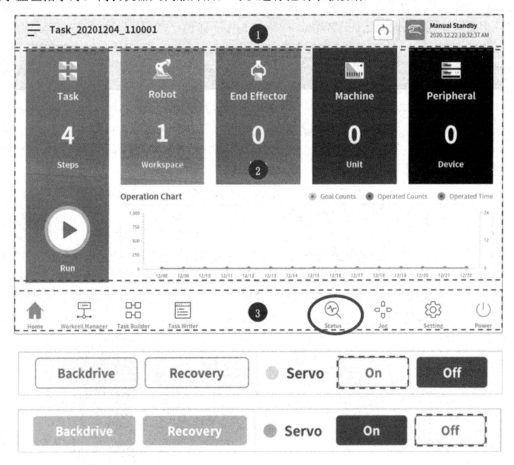

图 7-2　伺服开启示意图

4）自由锁定拖动

机器人伺服开启后，可以按住操作台上的直接拖动按钮，开始自由拖动，如图 7-3 所示。

（1）一只手按下拖动示教按钮，另一只手拖动机器人末端向左或向右，到达机器人可到达的最远端。

（2）按下拖动示教按钮，拖动机器人从工作台的一侧旋转至另一侧。

（3）按下拖动示教按钮，尝试转动其他轴。

（4）按下拖动示教按钮，将机器人拖动到关节角限制范围内的任何状态。

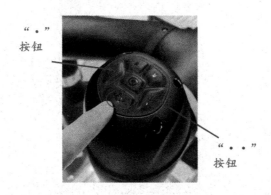

图 7-3　机器人操作台上的按钮

5）点锁定拖动

（1）在 DART Platform 主界面，执行"Robot Setting"→"Cockpit"（操作台）命令。

（2）从下拉列表中选择 Button 1 功能界面。

（3）将 Button 1 设为点锁定，选择工具坐标系，参考点坐标为(0,0,300,90,0,90)，其他参数使用默认值。

（4）设置完成后，单击"Confirm"按钮，完成设置。

（5）先按下操作台的"·"按钮，再按下拖动示教按钮拖动机器人，此时，机器人末端 Z 轴会围绕设定点转动。点锁定拖动示意图如图 7-4 所示。

注意，在进行实训前，应先设置末端工具坐标系的方向和相应点的位姿。

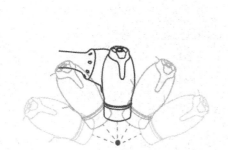

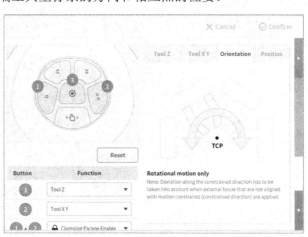

图 7-4　点锁定拖动示意图

6）轴锁定拖动

（1）在 DART Platform 主界面，执行"Robot Setting"→"Cockpit"命令。

（2）从下拉列表中选择 Button 2 功能界面。

（3）将 Button 2 设为轴锁定，选择工具坐标系 Z 轴方向，其他参数使用默认值。

（4）先按下操作台的"··"按钮，再按下拖动示教按钮拖动机器人，此时机器人只能在设定的 Z 轴方向上下运动，按住"··"按钮，转动关节 1，可以发现此时关节 1 是无法转动的，只能在机器人末端 Z 轴上运动。轴锁定拖动示意图如图 7-5 所示。

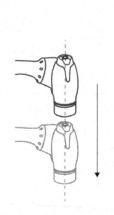
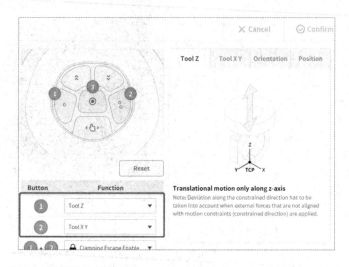

图 7-5　轴锁定拖动示意图

7）平面锁定拖动

（1）在 DART Platform 主界面，执行"Robot Setting"→"Cockpit"命令。

（2）从下拉列表中选择 Button 2 功能界面。

（3）将 Button 2 设为平面锁定，选择工具坐标系 X-Y 平面，其他参数使用默认值。

（4）先按下操作台的"··"按钮，再拖动机器人，此时机器人末端只能在定义的工具坐标系 X-Y 平面上移动。

（5）完成上述实训后，将机器人复位，并关闭伺服。平面锁定拖动示意图如图 7-6 所示。

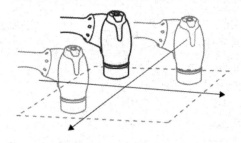

图 7-6　平面锁定拖动示意图

7.1.5　实训结果

选择相应的模式并进行拖动时，可以发现，在自由锁定拖动模式下，拖动轴 5 转向某个方向时，轴 1~4 也会随之产生运动，而旋转关节 5 时，轴 5、6 会一起转动；在点锁定拖动模式下，无论如何转动关节 4、5、6，机器人的工具坐标系 Z 轴始终指向设定点；在平面锁定拖动模式下，将手放在不同的关节上进行拖动，可以发现，关节 6 的 Z 轴始终垂直于设定平面，该方向无法转动。

7.1.6　思考与问答

（1）拖动示教的原理是什么？为什么按下拖动示数按钮，就可以拖动机器人？

（2）轴锁定拖动、平面锁定拖动的原理是什么？

（3）尝试通过拖动，在 DART Platform 上读取机器人的位姿点，计算两点之间的运动学转换关系。

7.2　协作机器人点动模式运行

7.2.1　实训目的

通过操作图形化软件，了解协作机器人点动运动的相关方法，对协作机器人关节坐标系运动和直角坐标系运动有进一步的认识。本实训采用"青龙 2 号"机器人平台搭载的斗山 A0509s 协作机械臂，帮助读者对协作机器人点动模式运行及在不同坐标系下的运动方式的差异有进一步认识。

（1）熟悉和掌握基于关节的协作机器人 Jog 模式运行。

（2）熟悉和掌握基于基坐标系的协作机器人 Jog 模式运行。

（3）熟悉和掌握基于世界坐标系的协作机器人 Jog 模式运行。

（4）熟悉协作机器人 Move 模式运行。

（5）熟悉协作机器人 Align 模式运行。

7.2.2　实训准备

本实训器材主要包括 A0509s 协作机械臂、计算机及电源。

在实验室老师的指导下，完成以下准备工作。

（1）电源：在实验室老师的指导下，连接机械臂的电源，并打开计算机电源。

（2）连接：打开计算机上的 DART Platform，确认计算机和机械臂可完成连接。

（3）空间：拖动机械臂前，应确保机械臂处于较空旷区域，桌面无障碍物。

（4）控制：通过计算机，确认机械臂状态正常，打开机械臂伺服开关。

7.2.3　实训原理

根据机器人运动学和动力学参数，将用户的关节转动指令转化为各关节应提供的电机驱动电流和较好的运动路线，完成指定关节的动作。主要涉及机器人动力学、空间坐标系转换、路径规划和碰撞避免算法。

7.2.4　实训步骤

1）实训流程

（1）基于关节的协作机器人 Jog 模式运行。在"Jog"选项卡中，先选择"Joint"选项卡，再选择坐标系为"Base"，选择 J1/J2/J3/J4/J5/J6，单击"＋"或"－"按钮，让机器人以 Jog 模式运行。

（2）基于基坐标系的协作机器人 Jog 模式运行。在"Jog"选项卡中，先选择"Task"选项卡，再选择坐标系为"Base"，选择"base/tool"，在不同的模式下运动。

（3）基于末端工具坐标系的协作机器人 Jog 模式运行。在"Jog"选项卡中，先选择

"Task"选项卡，再选择坐标系为"Tool"，选择要移动的世界坐标，单击"+"或"-"按钮。

（4）基于关节坐标的协作机器人 Move 模式运行。在"Move"选项卡中，先选择"Joint"选项卡，再选择默认坐标系，选择对应关节，输入关节角，单击"Move to This Space"按钮，移动到指定位置。

（5）基于基坐标系的协作机器人 Move 模式运行。在"Move"选项卡中，先选择"Task"选项卡，再选择坐标系为"Tool"，选择 XYZABC 的参数，单击"Move to This Space"按钮，移动到指定位置。

（6）基于实践协作机器人的 Align 模式运行。在"Align"选项卡中，先选择"Basic Alignment"选项卡，再选择坐标系为"Base"，选择 X/Y/Z 轴的正或负方向，单击"Parallel Axis"按钮，机器人规划路径并移动到与指定轴对齐的指定方向。

（7）机器人移动到初始位姿。在"Align"选项卡中，先选择"Basic Alignment"选项卡，再单击"Home Position"按钮，机器人会运动到初始位姿(0,0,0,0,0,0)。

2）关节 Jog 模式

打开 DART Platform 主界面，选择"Jog"菜单，进入 Jog 页面。按以下步骤执行。

（1）打开界面左上角的"Real"开关，调整"Manual Mode Speed"为"50%"。

（2）先选择"Joint"选项卡，再选择"J1"，单击下方的"+"按钮，直到关节 1 的关节角转动到30°。

（3）根据步骤（2），选择 J2，单击下方的"+"按钮，关节角逐渐增大，切勿超过30°。

（4）同上，依次选择 J3、J4、J5、J6，单击下方的"+"按钮，将关节角增大或减小，切勿超过30°，以免关节运行时机器人发生碰撞，在 J 右侧会显示当前角度，第二列是笛卡儿空间的 XYZ 位姿和 RPY 角，如图 7-7 所示。

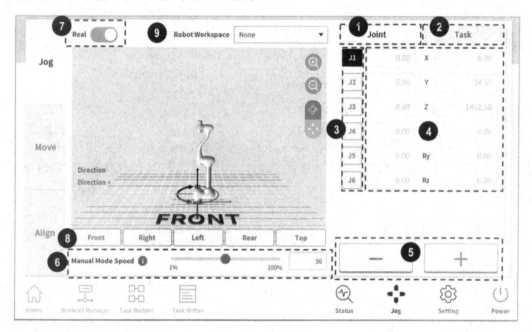

图 7-7　关节 Jog 模式

3）基坐标系 Jog 模式

打开 DART Platform 主界面，选择"Jog"菜单，进入 Jog 页面。按以下步骤执行。

（1）先选择"Task"选项卡，再选择坐标系为"Base"，如图 7-8 所示，基坐标系是机器人底座坐标系，机器人末端位置以 XYZABC 的笛卡儿空间坐标显示。

（2）选择"X"，按住"+"按钮，移动到 50.0mm 处。

（3）选择"Y"，按住"+"按钮，移动到 100.0mm 处。

（4）选择"Z"，按住"-"按钮，移动到-50.0mm 处。

（5）选择"A"，按住"+"按钮，转动 90°。

（6）选择"B"，按住"-"按钮，转动 90°。

（7）选择"Z"，按住"+"按钮，转动 180°。

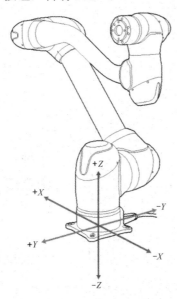

图 7-8　基坐标系 Jog 模式

基于基坐标系的 Jog 模式，空间坐标 XYZ 以笛卡儿位姿表示，末端坐标的旋转角以 $Rx/Ry/Rz$ 的欧拉角表示。这里的位置坐标代表机器人末端在基坐标系下的笛卡儿空间位置，$Rx/Ry/Rz$ 旋转使得机器人绕着基坐标系的 $X/Y/Z$ 轴转动对应角度。

同一个位姿，在基坐标系和世界坐标系下的位姿可能不同，因为从机器人运动学来看，从世界坐标系到基坐标系的旋转矩阵为

$$P_{\text{base}} = (50,100,-50,90,90,180)$$

世界坐标系是固定的，基坐标系是机器人安装时确定的。假设基坐标系的 Z 轴与世界坐标系相同，旋转角 α（右手螺旋）为 90°，可以得到从世界坐标系转化为基坐标系的旋转矩阵为

$$R_{z}(\alpha) = \begin{bmatrix} \cos\alpha & -\sin\alpha & 0 \\ \sin\alpha & \cos\alpha & 0 \\ 0 & 0 & 1 \end{bmatrix} = \begin{bmatrix} 0 & 1 & 0 \\ -1 & 0 & 0 \\ 0 & 0 & 1 \end{bmatrix}$$

这里可以通过选择不同的坐标系显示，对比在基坐标系和世界坐标系中坐标的不同。请通过机器人运动学计算出 P_{base} 在世界坐标系下的表示。

4）末端工具坐标系 Jog 模式

打开 DART Platform 主界面，选择"Jog"菜单，进入 Jog 页面。执行以下步骤。

（1）先选择"Task"选项卡，再选择坐标系为"Tool"，如图 7-9 所示，基坐标系是机器人底座坐标系，机器人末端位置以 XYZABC 的笛卡儿空间坐标显示。

（2）选择"X"，按住"+"按钮，移动到 50.0mm 处。

（3）选择"Y"，按住"+"按钮，移动到 100.0mm 处。

（4）选择"Z"，按住"−"按钮，移动到 −50.0mm 处。

（5）选择"A"，按住"+"按钮，转动 0°。

（6）选择"B"，按住"−"按钮，转动 90°。

（7）选择"C"，按住"+"按钮，转动 180°。

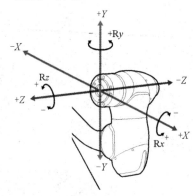

图 7-9　末端工具坐标系 Jog 模式

这里基于末端工具坐标系 Jog 模式，由图 7-9 可知，机器人会按照机器人末端工具坐标系的 XYZ 方向移动。同样地，转动的角度 ABC 也是基于末端工具坐标系 Rx/Ry/Rz 旋转的。

类似地，请运用 2.1 节"运动学基础"的知识尝试计算对应的基坐标系点动之后的机器人末端位姿，对比 DART Platform 中所显示的参数。

5）关节 Move 模式

打开 DART Platform 主界面，选择"Jog"菜单，进入 Jog 页面，选择"Move"选项卡，进入 Move 页面。执行以下步骤。

（1）选择"Joint"选项卡，选择默认坐标系，在"Target"栏中输入 6 轴的关节角(90, 60, 30, 0, 90, 180)。

（2）调整左侧的仿真窗口示教为"Front"，选择"Real"模式，调整"Manual Mode Speed"为"30%"。

（3）单击"Move To This Pose"按钮，机器人以设定速度，转动关节移动到目标关节位置。

6）基坐标系 Move 模式

打开 DART Platform 主界面，选择"Jog"菜单，进入 Jog 页面，选择"Move"选项卡，进入 Move 页面。执行以下步骤。

（1）选择"Task"选项卡，选择坐标系为"Base"，在"Target"栏中输入要移动到的位姿，如(300, 200, 600, 0, 90, 90)。

（2）调整左侧的仿真窗口示教为"Front"，选择"Real"模式，调整"Manual Mode

Speed"为"30%"。

（3）单击"Move To This Pose"按钮，机器人以设定速度，按照基坐标系的各轴方向移动到指定空间位姿，机器人姿态也会按设定旋转角度，旋转对应角度。

可以根据移动前后的位姿，对比机器人运动前后的笛卡儿坐标和旋转角的变化，进一步了解在此过程中，机器人正、逆向运动学的变化。

7）末端工具坐标系 Align 模式

打开 DART Platform 主界面，选择"Jog"菜单，进入 Jog 页面，选择"Align"选项卡，进入 Align 页面。执行以下步骤。

（1）选择"Basic Alignment"选项卡，选择坐标系为"Base"，如图 7-10 所示，在"Tool Axis"中单击"Z"单选按钮，在"Target Direction"中单击"Down"单选按钮。

（2）长按"Parallel Axis"按钮，机器人运动到末端工具坐标系的 Z 轴与基坐标系的 Z 轴正方向对齐。

（3）在"Tool Axis"中单击"Y"单选按钮，在"Target Direction"中单击"Down"单选按钮。

（4）长按"Parallel Axis"按钮，机器人运动到末端工具坐标系的 Z 轴与基坐标系的 Y 轴正方向对齐。

（5）在"Basic Alignment"选项卡中按住"Home Position"按钮，机器人将自行移动至起始位姿，起始位姿为(0, 0, 0, 0, 0, 0)或(0, 34.5, 1452.0, 0, 0, 0)。

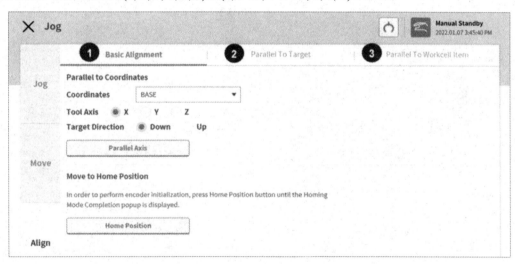

图 7-10　末端工具坐标系 Align 模式

完成上述基本操作后，可以尝试机器人其他对齐方式，如通过设定点组成参考轴，将机器人对齐参考轴的目标 Align 模式，步骤如下。

（1）在"Align"菜单下，先选择"Parallel To Target"（与目标对齐）选项卡，再选择对准使用的参考坐标系及要对齐的工具轴。

（2）将机器人手动引导到 Point1 处，单击"GetPose"按钮，Point2 和 Point3 同理，此时会自动生成一个虚拟的向量区域。

（3）可以同时设置末端的位置和方向，可选择 Point4，通过 4 个点实现位置和方向的对齐。

（4）长按"Parallel Axis"按钮对齐轴。

8）安全恢复模式

运动时，如果机器人运动到关节限制区域或发生碰撞等导致停机，那么此时应重新开启伺服，当伺服模式无法将机器人姿态调整到正常姿态时，使用此功能。步骤如下。

（1）选择"Status"菜单中的"Software Recovery"（安全恢复）选项卡，如图7-11所示。

（2）选择各关节，单击"+"或"-"按钮调整位姿，或者通过关节上的操作台拖动按钮，直接拖动机器人到正常状态。

（3）调整结束后，关闭界面。调整过程可以在仿真窗口中实时观察。

（4）安全恢复模式和反向驱动模式在机器人正常工作时请勿使用，当机器人出现故障，安全驱动模式和反向驱动模式都无法工作时，请勿操作机器人，应咨询机器人厂商解决问题。

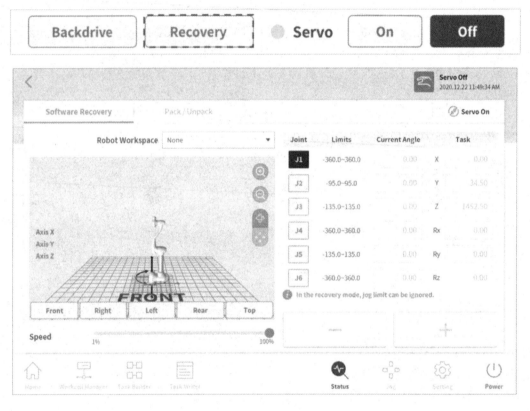

图7-11　安全恢复模式

9）DART Studio 的 Jog 模式

本节采用斗山官方的在线仿真软件 DART Studio，实现类似上述图形化软件 DART Platform 的点动控制。操作步骤如下。

（1）启动程序后，在"Home"菜单中，选择"Setting"选项，输入控制器 IP 地址，虚拟模式 IP 地址为 127.0.0.1，默认机器人控制器 IP 地址为 192.168.137.100，单击"Connected"按钮，若成功，则显示"Connect"按钮为"√"，如图7-12所示。

（2）单击"Request"按钮，获取软件对机器人的控制权限，在监控窗口中，选择对应的机器人型号，如 A0509s。

图 7-12　连接成功

（3）在仿真窗口中查看机器人状态，单击"Servo Off"按钮将状态切换为 Servo On。

（4）在主菜单中选择"Control"选项，单击"Manual Motion"按钮。DART Studio 的手动控制界面如图 7-13 所示。

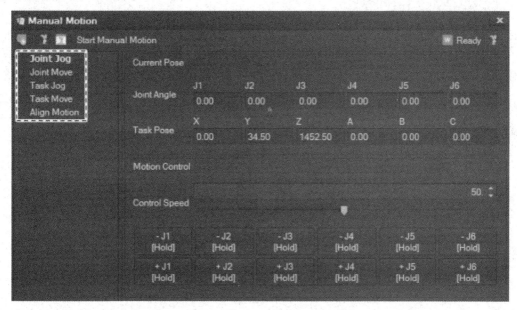

图 7-13　DART Studio 的手动控制界面

（5）先选择"Joint Jog"选项，再单击左上侧的"Servo On"按钮，开启伺服，更改虚拟/实时模式。

（6）在关节点动界面，单击对应关节的"+"或"-"按钮，即可让机器人在虚拟/实时模式下运行。机器人的各轴关节和任务空间位姿会同步实时更新在界面中。

（7）根据前面学习的过程，尝试并使用关节移动（Joint Move）、任务点动（Task Jog）、任务移动（Task Move）和对齐运动（Align Motion）功能。

7.2.5　实训结果

根据实训步骤，在进行机器人点动操作时，必须长按"+"或"-"按钮，所选择的对应关节或方向才会产生对应的运动，当操作无误、没有意外碰撞和干扰时，结果如下。

（1）在关节 Jog 模式中长按"+"或"-"按钮时，所选择的关节 1~6 之一会以设定的关节速度，关节角不断增大或减小。

（2）在基坐标系 Jog 模式中，长按"+"或"-"按钮时，所选择的 $X/Y/Z$ 方向上，机器人末端产生直线位移，选择 $A/B/C$ 旋转，机器人会在所选的方向发生角度的增大或减小。末端工具坐标系的 Jog 模式类似。

（3）在关节 Move 模式中，设置对应的关节角位姿，单击"Move To This Pose"按钮，机器人就会移动到对应位姿。

（4）在基坐标系 Move 模式中，设置对应的四元数表示的位置和旋转角，机器人会规划可行的较优运动轨迹，运动到指定的位姿。

（5）在末端工具坐标系 Align 模式中，选择对应的 Align 模式，如对齐末端工具坐标系的 Z 轴，长按"Parallel Axis"按钮，机器人就会运动到末端工具坐标系的 Z 轴与所设定的方向对齐。

7.2.6　思考与问答

本实训介绍了如何使用 DART Platform 和 DART Studio 实现机器人点动控制。在点动模式中，单击对应关节的"+"或"-"按钮。在实现机器人的点动控制过程中，整个上位机和机器人控制系统是如何运转的呢？请读者思考此问题，并查阅相关资料。

第8章 图形化编程案例

8.1 协作机器人运动控制

8.1.1 实训目的

熟悉和掌握协作机器人运动控制的常用命令，并进行图形化和脚本语言编程，实现自动化的运动控制。本实训采用"青龙 2 号"机器人平台搭载的斗山 A0509s 协作机械臂，实现对协作机器人运动控制命令的认识和掌握。本实训分别通过 DART Platform 图形化命令和 DART Studio 脚本命令，介绍如何实现协作机器人的运动控制。

8.1.2 实训准备

本实训器材主要包括 A0509s 协作机械臂、计算机、电源及紧急停止按钮。需要完成以下准备工作。

（1）电源：连接机械臂的电源，并打开计算机。

（2）连接：打开计算机上的 DART Platform 和 DART Studio，连接计算机和机械臂。

（3）空间：拖动机械臂前，应确保机械臂处于较空旷区域，桌面无障碍物。

（4）控制：通过计算机端软件，确认机械臂状态正常，打开机械臂伺服开关。

（5）掌握 Python 编程的基本语法。

8.1.3 实训原理

基于协作机器人运动学和动力学，使用协作机器人厂商提供的函数指令，操作机器人进行空间内的运动，让机器人以不同的参考轨迹进行运动。主要用到了以下命令。

（1）movel()：直线运动命令，机器人末端以直线轨迹运行到目标点。

（2）movej()：将机器人关节坐标移动到目标点。

（3）movesx()：定义分段曲线轨迹，机器人沿着此轨迹将末端移动到目标点。

（4）movesj()：将机器人的关节坐标移动到指定的多个路径点。

（5）movec()：沿着机器人当前末端点、路径点和目标点的弧移动机器人。

（6）movesperiodic()：沿着从螺旋线中心向外侧延伸的路径移动机器人。

8.1.4 实训步骤

1）创建任务

在本实训中，机器人末端安装了夹爪，因此需要配置执行器的质量和中心点位置，根据 4.2.1 节对工作单元功能的介绍，在"Workcell Manager"菜单中添加用户命名的执行器质量和中心点项。

（1）在"Robot"工作单元中，先选择"General"选项，再选择"Tool Weight"及"Tool Shape"选项，创建末端工具质量和形状，根据步骤，配置质量和形状。

（2）在"Robot"工作单元中，单击"Task Builder"按钮，选择"New"选项，并选择对应的末端执行器设置项，如"Tool Weight"和"Tool Shape"，单击界面中间的">"按钮，将工作单元添加到任务中。

（3）先单击"Next"按钮，再单击"Confirm"按钮，生成新任务。

（4）进入点动模式，选择"Home Position"选项，将机器人移动到初始位姿。

2）添加全局变量

（1）在 Task 界面中，选择"GlobalVariables"选项，设置机器人的运动速度 v、加速度 acc 和初始位姿。

（2）选择"Property"选项卡，单击"Edit"按钮，在变量名处输入"global_v"，值为"30"。

（3）同样地，新建变量"global_acc"，值为"50"。

（4）类似地，选择新位姿，建立"Global_Init_Joint"，值为(0, 0, 0, 0, 0, 0)。

（5）建立"Global_InitPose"，值为(0, 34.5, 1452.5, 0, 0, 0)。

（6）完成上述变量定义后，单击"Save"按钮，退出。

3）Move J 关节运动

选择"MainSub"选项，选中命令，添加期望执行的命令，设置其参数，单击"Confirm"按钮。参数设置的操作步骤如下。

（1）选择"Command"选项卡，选择添加 Move J 命令。

（2）选择"Property"选项卡，选择"Absolute"选项，在"Select Variable"下拉菜单中选择"Global_Init_Joint"选项，速度栏选择全局速度和加速度，其他参数默认。

（3）选择"Absolute"选项，输入目标位姿参数(0, 0, 0, 0, 0, 0)或执行拖动示教操作移动到目标点，单击"Get Pose"按钮获取位姿，使用默认全局速度和加速度，以及操作选项。

（4）单击右上角的"Confirm"按钮，完成 Move J 命令的设置。

图 8-1 所示为 Move J 命令设置示意图，序号①~⑩的解释如下。

序　号	解　释
①	关节空间和笛卡儿空间的坐标
②	数值调节滑块
③	坐标系显示
④	关节/末端工具坐标系选择
⑤	数值设置区
⑥	删除
⑦	增加
⑧	末端力设置区
⑨	工具坐标系选择
⑩	工具质量设置

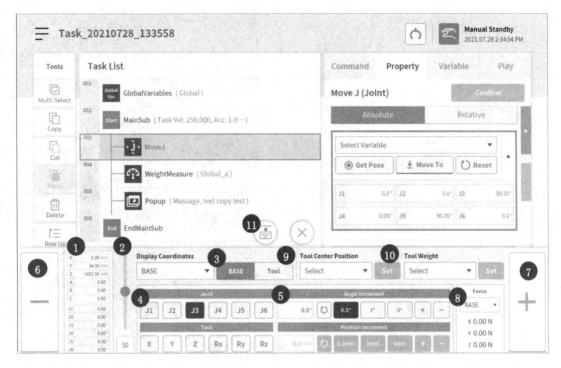

图 8-1　Move J 命令设置示意图

（5）单击"开始"按钮，弹出保存提示，单击"Confirm"按钮，进入执行任务界面。

（6）根据步骤 2），执行此命令，机器人会移动到初始位姿，各轴关节角为 0，机器人是竖直向上的。

（7）混合模式（Blending mode）设置，单击"Duplicate"单选按钮，在满足"Radius"不为 0 的情况下，当机器人到达以运动命令的目标点为中心设置的半径时，它将保持当前命令的速度并移动到下一个命令的目标点。

4）执行任务程序

完成命令的添加和其参数设置后，就可以开始执行任务程序了。先在仿真窗口中运行程序，从虚拟空间中查看机器人运动姿态，步骤如下。

（1）选择"Play"选项卡。

（2）调整"Speed"为"30%"，放大方正窗口，单击"开始"按钮。

（3）若程序正确，则仿真窗口中会显示机器人从当前位姿运动到目标位姿的过程；若程序存在问题，则会弹出错误信息窗口，可根据提示，检查错误原因，对相应命令进行修改。

若在虚拟模式下运行程序时正常，软件未提示报错，则可以在实时模式下运行程序。实时模式界面如图 8-2 所示。其中，①是模式切换开关；②和③分别是程序运行时间和任务数；④是执行任务的平均周期时间；⑤可以在机器人末端执行器的信息界面和 I/O 信息界面切换；⑥显示 TCP 信息；⑦显示工具质量信息；⑧是机器人当前定位区域的碰撞灵敏度；⑨是当前参考坐标系中的力信息；⑩可以设定机器人的速度；⑪和⑫分别是"暂停"和"开始"按钮；⑬会显示运行程序的单个命令的时间信息。在实时模式下运行时，机器人按照命令执行运动，界面中会显示 I/O 状态和末端力状态等信息。步骤如下。

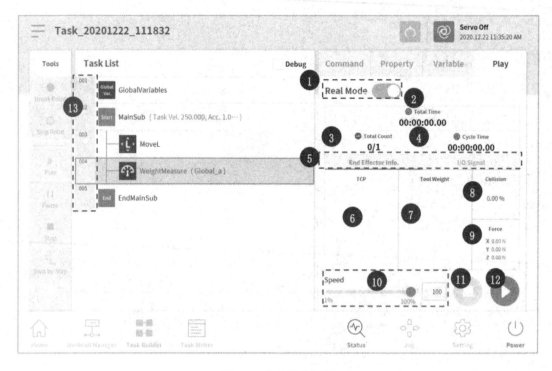

图 8-2　实时模式界面

（1）选择"Play"选项卡，打开"Real Mode"开关。

（2）调整"Speed"为"30%"，确认紧急停止按钮正常，随时准备按下紧急停止按钮。

（3）单击"开始"按钮，机器人开始从上到下，逐条执行运动命令。

（4）调整"Speed"，机器人运动速度变快/慢。

（5）在运行过程中，再次单击"开始"按钮，可暂停执行。

运行结果：机器人将从当前位姿，通过各关节运动到关节角均为 0 的状态，整个机械臂应该是竖直向上的。

注意，如有碰撞的可能，请及时按下紧急停止按钮，在运行过程中，可通过窗口查看末端工具状态、末端接触力信息、程序运行的时间等。在程序执行过程中，处于 Auto 模式，无法使用拖动示教。

5）Move L 直线运动

使用 Move L 命令，机器人末端以直线运动到指定位姿。按如下步骤，通过拖动示教，获取目标点位姿。

（1）添加 Move L 命令，选择"Property"选项卡。

（2）按下示教器上的拖动示教按钮，将机器人移动到(0, 100, 800, 0, 0, 0)，单击"Get Pose"按钮，下方显示出当前位姿的具体参数，可以直接选择"Property"选项卡，通过输入值来修改对应项的参数。

（3）选择速度为本地，输入速度为 30，加速度为 30。

（4）单击"Confirm"按钮，完成设置。

（5）设置完成后，根据 4）执行任务程序内容，运行 Move L 命令，机器人将以恒定的速度和加速度沿直线轨迹从上一个命令的目标点运行到 Move L 命令的目标点。

（6）完成上述步骤后，回到 Move L 的属性设置下拉菜单，执行"Singularity Handling"→"Variable Velocity"命令（之前默认的是路径优先）。

（7）重新执行当前命令程序，对比变速运动和路径优先模式的差别。

直线运动命令，机器人末端将沿着当前末端点和所设定的目标点的一条直线轨迹运行，机器人的其他关节将以末端点为参考，自动计算出各关节对应的角度，完成末端的直线运动。

6）Move C 曲线运动

使用 Move C 命令，机器人从工作空间中的当前位置经由所设置的路径点（pos1）沿弧线移至目标点（pos2）或指定角度。

Move C 命令的轨迹如图 8-3 所示。当前点、路径点和目标点的直线路径可以通过平滑曲率过渡。

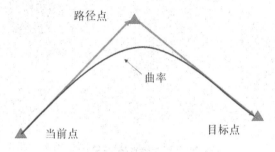

图 8-3　Move C 命令的轨迹

（1）选择 Move C 命令，设置路径点位姿为(323.6, 34.5, 600.0, 60.2, -160.0, 60.2)，目标点位姿为(323.6, 34.5, 221.2, 81.3, -160.0, 81.3)。

（2）设置时间为 5s，模式为"Duplicate"。

（3）设置操作模式为"Variable Velocity"。

（4）使用全局速度、加速度，其他参数默认，单击"Confirm"按钮保存，完成设置。

（5）单击"开始"按钮，虚拟模式运行命令，依次执行所添加的 Move J、Move L 和 Move C 命令。

7）Move SJ 多段曲线移动

前面介绍了关节运动、直线运动和曲线运动命令的使用，本节介绍通过定义多个点，实现复杂曲线路径的机器人运动。在 Move SJ 命令中，机器人经由设置路径点集合中输入的关节空间路径点，沿连接当前位置与目标点位置（pos_list 中的最后一个路径点）的样条曲线路径移动。Move SJ 命令的轨迹如图 8-4 所示，执行步骤如图 8-5 所示。

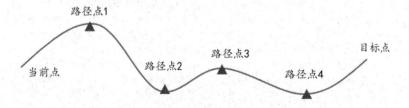

图 8-4　Move SJ 命令的轨迹

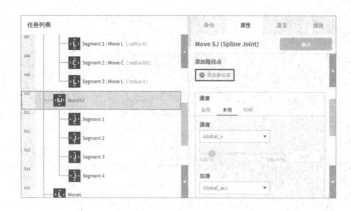

图 8-5　Move SJ 命令的执行步骤

（1）先添加 Move SJ 命令，再添加 4 个路径点，最后一个路径点即目标点，此时命令显示为灰色，因为路径点参数还未配置。

（2）根据前面的经验，设置路径点关节 J01=(90, 0, 90, 0, 90, 0)，其他参数默认，单击"Confirm"按钮，保存 J01 信息。

（3）按照步骤（2），依次设置 J02=(90, 30, 90, 0, 90, 0)，J03=(90, 30, 90, 30, 90, 0)，J04=(0, 0, 0, 90, 90, 0)。

（4）当设置并保存好每个点参数后，Move SJ 命令行亮起，设置速度为 30，加速度为 60，此命令的速度/加速度表示路径中的最大速度/加速度，而运动期间的加速度和减速度（加速度为负值）根据路径点位姿确定。

（5）单击"Confirm"按钮，完成命令的设置。

（6）选择左侧的工具栏，单击"Suppress"按钮，将前面的 Move L 和 Move C 命令注释掉。

（7）单击"开始"按钮，在虚拟模式下，检查 Move SJ 命令是否运行正确。

（8）在实时模式下运行程序，机器人将以设定的路径点 J01、J02、J03、J04 组成的轨迹运行，机器人的末端点随样条曲线路径运动。

8）添加 Move J 命令

通过 Move J 命令将机器人移动到新的关节位姿，设置 J02=(90,0,90,0,90,0)，为下一步命令做准备。步骤与"Move J 关节运动"步骤一致。

9）Move Spiral 螺旋线运动

在 Move Spiral 命令下，机器人在指定的坐标系{ref}上沿垂直于所设定的轴的平面上的螺旋线轨迹（见图8-6）运动。最大轴距参数定义机器人从圆锥体的顶点开始绕圆锥体移动的距离。

在 Move SJ 命令下一行，添加 Move Spiral 命令，按如下步骤配置其参数。

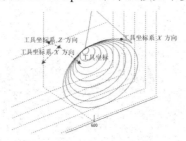

图 8-6　Move SJ 命令的轨迹

（1）选择"Property"选项卡，依次输入圈数为 3、最大半径为 150mm、最大轴距为 50mm。其中，圈数是机器人向外的圈数，最大半径是机器人起点到最后一圈机器人螺旋线轨迹的半径（若最外圈超出关节限制或存在奇异点，则单击"Confirm"按钮会提示错误），最大轴距是螺旋线在轴向的变化范围。

（2）选择时间为 15s，这会自动覆盖速度，命令执行总时间为 15s。

（3）选择坐标系为"Tool"，选择工具坐标系的 Z 轴。

（4）根据机器人工作半径确认最大半径位置有无碰撞和关节超出限制（或通过虚拟模式运行验证）。

（5）单击"Confirm"按钮，完成命令设置。

（6）选择 Move SJ 命令，将其注释掉。

（7）单击"开始"按钮，在虚拟模式下，从仿真窗口查看有无碰撞干涉和参数错误。

（8）在实时模式下执行命令，机器人末端从当前点沿着螺旋线轨迹运动。

10）返回初始位姿

（1）选择"Command"选项卡，选择添加 Move L 命令。

（2）选择"Property"选项卡，选择"Absolute"选项，在下方的菜单中选择"Global_Init_Pose"选项。

（3）选择本地速度，选择"global_acc"和"global_v"选项。

（4）单击右上角的"Confirm"按钮，完成 Move L 命令设置。

11）单步运行命令

单击左侧工具栏中的"Suppress"按钮注释掉其他命令，可以单独执行某条命令，如将 Move L、Move C、Move SJ、Move Spiral 命令注释掉，选择"Play"选项卡，运行实时模式，运行时，只执行 Move J 命令，机器人运动到初始位姿，机器人关节角为 0，机械臂竖直向上。

12）执行整个运动控制命令

了解了上述命令后，将所有命令串联起来，自动运行。

（1）选择所有命令，将之前注释的命令恢复，单击左侧工具栏的"Suppress"按钮。

（2）选择"MainSub"选项，找到其中的"程序运行次数"按钮，选择"循环"。

（3）单击"开始"按钮，运行虚拟模式，执行整个任务程序。

（4）若在虚拟模式下运行程序未报错，则可在实时模式下运行程序，程序会一直循环运行。

8.1.5　实训结果

根据实训步骤，创建图形化编程任务后，当程序运行时，首先执行 Move J 命令，机器人进行关节运动到初始关节状态，即关节角都为 0 的机器人姿态。然后执行 Move L 命令，机器人末端沿着直线运动到位置点 1(0, 100, 800, 0, 0, 0)，机器人的整体速度是缓慢加速的，接近位置点 1 时，减速，缓慢到达路径点 1。接着执行 Move C 命令，机器人末端从位置点 1 开始，沿弧线运动到路径点 1，再沿着弧线运动到位置点 2(323.6, 34.5, 221.2, 81.3, −160.0, 81.3)，类似用笔在平面的三点间连接一条弧线。接着执行 Move SJ 命令，机器人末端从位置点 2 开始，关节角不断变换，依次到达路径点 2、路径点 3、路径点 4，最后到达位置点 3 所在的关节空间位置(0, 0, 0, 90, 90, 0)。完成上述命令后，再次执行 Move J 命令，将机器人关节运动到位置点 4(90, 0, 90, 0, 90, 0)，继续执行下一个命令，末端沿着螺旋线轨迹运动，末端点从位置点 4 开始，不断向外画圆，并且在轴 6 的 Z 轴方向产生一定的位移，整体姿态类似一条从圆锥顶点逐渐向圆锥地面运动的螺旋线。完成螺旋线轨迹运动后，机器人执行 Move L 命令，回到初始位姿。

注意，上述命令的参数设置给出的范例只作为参考，请读者根据实际情况调整最佳参数，以免发生程序错误或与实际场景环境发生干涉。

8.2　协作机器人碰撞检测与空间限制区域

8.2.1　实训目的

由于协作机器人能与人类协作运行，因此其必须具备一定的碰撞检测功能，防止意外碰撞人体造成严重伤害。首先通过关节电机力矩计算是否发生碰撞，然后让机器人停止，以防发生意外。同时，通过设置不同的碰撞检测灵敏度，可以设置在不同区域有不同的关节电机力矩。本实训采用"青龙 2 号"机器人平台搭载的斗山 A0509s 协作机械臂，学习和验证协作机器人的碰撞检测功能和空间限制区域设置。

8.2.2　实训准备

本实训器材主要包括 A0509s 协作机械臂、计算机、电源及 1.2L 矿泉水瓶。在实验室老师的指导下，完成以下准备工作。

（1）电源：在实验室老师的指导下，连接机械臂的电源，并打开计算机。
（2）连接：打开计算机上的 DART Platform，连接计算机和机械臂。
（3）空间：拖动机械臂前，应确保机械臂处于较空旷区域，桌面无障碍物。
（4）控制：通过计算机，确认机械臂状态正常，打开机械臂伺服开关。

8.2.3　实训原理

协作机器人的碰撞检测功能基于机器人动力学，通过动力学设置关节的安全力矩参数。当机器人与人类交互或抓取物体时，机器人各关节产生力矩，通过设置不同的安全力矩参数，可以实现不同灵敏度的碰撞检测功能。同时，设置空间限制区域，使得机器人在运动过程中，通过运动学的知识，设计自动规避空间限制区域的运动。

8.2.4　实训步骤

1）碰撞检测灵敏度设置

在"Workcell Manager"菜单中，执行"Robot"→"Robot Limits"→"TCP/Robot"命令，如图 8-7 所示，输入密码"admin"，选择"Collision"选项，将碰撞检测灵敏度设置为 100%。碰撞检测灵敏度越高，对于外界突然出现的冲击力检测越灵敏，机器人越容易停止。

除了图 8-7 中的⑤碰撞检测灵敏度，还可以设置①～④所代表的最大负载力、最大功率、最大速度和最大动量。

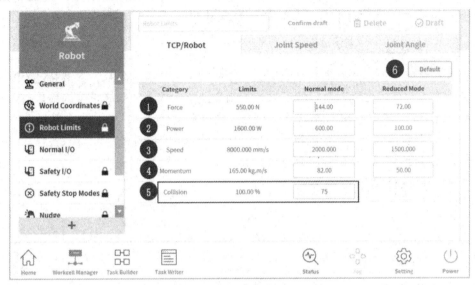

图 8-7　碰撞检测灵敏度设置

2）创建任务

（1）在"Robot"工作单元中，单击"Task Builder"按钮，单击"新建"按钮，创建名为"CollisionTest"的任务，选择对应的末端执行器设置项，如"Tool Weight"和"Tool Shape"，单击界面中间的">"按钮，将工作单元添加到任务中，单击"Next"按钮，单击"Confirm"按钮，生成新任务。

（2）添加 Move J 命令，通过拖动示教，将机器人移动到末端工具坐标系的 Z 轴垂直于桌面向下的姿态，保存该点位姿。

（3）添加 Move L 命令，选择"Absolute"选项，在步骤（2）位姿的基础上，将 X 轴位置增加 300mm，设置速度为 150mm/s，其他参数默认，单击"Confirm"按钮。

（4）添加 Move L 命令，选择"Absolute"选项，设置目标点位姿为步骤（2）位姿，速度设为 150mm/s，单击"Confirm"按钮，完成命令设置。

3）碰撞检测实验结果

将 1.2L 矿泉水瓶码垛在 Move L 命令的路径上，单击"开始"按钮，运行实时模式。正确运行时，当机器人水平匀速运动到接触矿泉水瓶时，轴 6 会与矿泉水瓶发生碰撞，使关节电机力矩突增，机器人检测到碰撞并停止运动，如图 8-8 所示，机器人碰撞到矿泉水瓶停止，不会继续执行 Move L 命令。

根据 1）碰撞检测灵敏度设置的流程，修改碰撞检测灵敏度为 75%，再次执行碰撞检测实验，期望的运行结果：机器人水平匀速运动，碰撞到矿泉水瓶时并没有停止，短暂冲击后，推动矿泉水瓶运动到目标

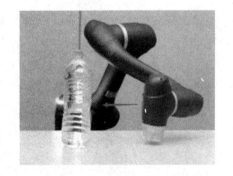

图 8-8　碰撞检测实验示意图

点。这是因为机器人的碰撞检测灵敏度降低了，相同的速度，机器人控制逻辑认为此时检测

到的接触力是正常接触，不会触发紧急停止。

重新执行 2）创建任务的步骤，修改 Move L 命令的速度为 230mm/s，重新执行上述命令。此时，因为速度更快，即使碰撞检测灵敏度降低，机器人仍然可以检测到碰撞并停止运行。

4）空间限制区域设置

机器人在空间各位姿的拖动都是柔顺的，除非到达了关节的限制。本节通过设置空间限制区域，将某个空间设置为限制运行区域，将笛卡儿空间的某一区域设置为禁止进入、自动运动或直接示教，如果进入该区域，那么机器人会停止运行。

在图 8-9 中选择检查点，可以将空间限制区域设置为适用于整个机器人主体或仅适用于 TCP。有效空间是指检查点在区域内或区域外。

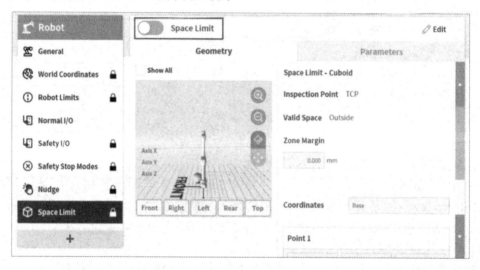

图 8-9　空间限制区域设置

（1）在主界面选择"Workcell Manager"菜单，在"Robot"工作单元中单击"Add"按钮，执行"Space Limit"→"Cuboid"命令。在设置和激活过程中需要提供安全密码。

（2）在"Workcell Setting"界面顶部的"Workcell Name"字段中输入工作单元名称，如"AbandonWorkspace"。

（3）根据空间限制形状及几何图形选项卡中的检查点（Inspection Point）、有效空间（Valid Space）和检查边距，设置位姿信息。设置"Space Limit"为"Cuboid"，"Inspection Point"为"TCP"，"Valid Space"为"Outside"。

（4）将"Zone Margin"（区域边界）设置为"20 mm"，通过拖动示教选择立方体的下端点 Point 1 和上端点 Point 2，两端点定义的立方体如图 8-10 所示，单击"Save Pose"按钮。

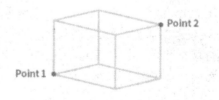

图 8-10　端点定义立方体

（5）在"Parameters"选项卡下依次设置"Dynamic Zone Enable"和"Advanced Options"选项，单击"Draft"按钮保存设置。

（6）在检查单元项设置中，显示的所有参数与期望设置的参数相同，选择"Confirm Draft"（确认草稿）选项，单击"Confirm"按钮。

（7）单击"Activate Toggle"按钮以应用空间限制区域。

5）空间限制区域实验结果

根据操作步骤，设置了空间限制区域后，可直接使用拖动示教功能，拖动机器人末端靠近空间限制区域，当末端接近空间限制区域附近 20 mm 时，可以明显感受到排斥力，这是因为在过渡区域，即使是拖动示教状态，机器人也会产生很大的阻力，相当于降速预警，前方禁止靠近。当继续强行进入空间限制区域时，机器人会立刻停止运行，以避免进入空间限制区域，发生意外碰撞。

如果没有发现排斥力，或者机器人不停止运行，则回到上一步检查空间限制区域中的立方体设置是否太小，或者检查其他参数设置是否正确。

8.2.5　思考与问答

本节主要介绍了协作机器人的碰撞检测功能和空间限制区域设置。其中，设置机器人移动速度为 150 mm/s，请思考以下问题。

（1）如果机器人移动速度为 50 mm/s，是否会触发碰撞检测机制？请进行验证。

（2）为什么可以设置响应的空间限制区域，实现原理是什么？

（3）如果编写的机器人运动命令经过空间限制区域，那么会发生什么？请尝试。

（4）尝试设置不同的空间限制区域，如左右分区、上下分区等。

8.3　协作机器人抓取和码垛

8.3.1　实训目的

通过图形化命令编程控制，配合安装在机器人末端的夹爪，实现协作机器人抓取和码垛目标物体的任务。本实训采用"青龙 2 号"机器人平台搭载的斗山 A0509s 协作机械臂及 OnRobot 夹爪，实现对指定点物体的抓取和码垛，帮助读者掌握机器人末端工具的使用方法，以及其与图形化编程运动控制结合使用的方法。

8.3.2　实训准备

本实训器材主要包括 A0509s 协作机械臂、夹爪、夹爪控制盒、计算机及紧急停止按钮。在实验室老师的指导下，完成以下准备工作。

（1）电源：在实验室老师的指导下，连接机械臂的电源，并打开计算机。

（2）连接：打开计算机上的 DART Platform，连接计算机和机械臂，连接夹爪与计算机，打开夹爪控制软件。

（3）末端工具：根据末端工具的使用手册，连接末端工具和控制柜，并在示教器或 DART

Platform 端进行初始化设置。

（4）空间：运行任务程序前，应确保机械臂处于较空旷区域，桌面无障碍物。

（5）物体：准备 2 个边长为 50 mm 的方块或其他可供抓取的合适大小的物体，由小至大码垛成一堆，准备空旷区域，用于码垛物体。

8.3.3　实训原理

协作机器人的常见应用场景之一是物体的码垛，控制机器人到指定点抓取物体，将物体码垛到目标点。通过运动控制命令规划机器人的运动路径，在移动到目标点时，控制夹爪闭合，抓取物体，机器人自动搬运物体，码垛到目标点。

8.3.4　实训步骤

1）创建任务

根据 4.2.1 节对工作单元的介绍，在"Workcell Manager"菜单中添加用户命名的执行器质量和中心点项。在"Robot"工作单元中，单击"Task Builder"按钮，单击"新建"按钮，并选择对应的末端执行器设置项，如"Tool Weight"和"Tool Shape"，单击界面中间的">"按钮，将工作单元添加到任务配置中。单击"Next"按钮，将名称设置为"Grap_Demo"，单击"Confirm"按钮，创建任务。

2）初始化机器人位姿

添加 Move J 命令，将机器人移动到初始位姿，步骤如下。

（1）单击"MainSub"按钮，添加 Move J 命令，设置其位姿为(0, 0, 90, 0, 90, 0)。

（2）选择时间为 5s，执行"Singularity Handling"→"Variable Velocity"命令。

（3）单击"Confirm"按钮，完成命令设置。

3）设置机器人目标点接近位姿

添加 Move L 命令，选择 Jog 模式或直接示教，将机器人移动到目标点正上方，即图 8-11 中的接近点，保持夹爪竖直向下，获取目标点接近位姿，如设置 X0=(500, 100, 400, 0, 180, 0)。

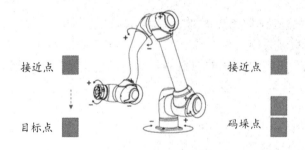

图 8-11　接近点、目标点和码垛点示意图

（1）根据目标点，直接拖动机器人移动到目标点正上方，保证夹爪竖直向下。

（2）全局参数设置，新建"preparePose"，将参数设置为 X0 的值。

（3）设置时间为 5s，Radius 为 50，其他参数默认。

（4）单击"Confirm"按钮，完成命令设置。

4）物体 1 抓取点

添加 Move L 命令，通过拖动示教将末端移动至夹爪可以抓取物体 1 的位置。

（1）根据物体 1 位置，拖动机器人到夹爪可以抓取的位置，获取该点的位姿。注意，夹爪始终竖直向下，或者设置 X2=(500, 200, 400, 0, 180, 0)，保存。

（2）设置时间为 5s，Radius 为 50，其他参数默认。

（3）单击"Confirm"按钮，完成命令设置。

5）配置夹爪

本实训以 Onrobot 三指夹爪为例，介绍夹爪与机器人末端的连接方法。

首先，将夹爪通过数据线与数据盒连接，数据盒通过网线连接机器人控制柜。然后，设置机器人 IP 地址和数据盒 IP 地址，将其配置为同一局域网，如对应 192.168.1.100 和 192.168.1.1。最后，在创建的任务中选择全局变量，新建一个变量，global_ip = 192.163.1.1，用于用户命令控制夹爪。

在命令列表中选择"Custom Code"选项，单击"Import"按钮，找到存储介质中的"Onrobot_Doosan_Lib.txt"文件。导入此文件后，可以使用"Custom Code"编写命令控制 Onrobot3FG15 夹爪的运动。

添加 Custom Code 命令，添加脚本命令，控制夹爪闭合，如"gtr_tf(60,60,true)"，控制夹爪闭合姿态为 60。

4.2.4 节介绍了一种大寰的末端夹爪使用方法，可以参考配置末端。

6）抓取目标物体 1

添加 Wait Motion 命令，机器人停止运动并等待夹爪闭合，抓取物体后，执行下一步操作。添加 Wait Motion 命令，设置时间为 3s，单击"Confirm"按钮，完成命令设置。

7）撤回目标点接近位姿

抓取物体 1 后，机器人退回前面所设置的目标点接近位姿。添加 Move L 命令，选择变量为"preparePose"，速度为默认速度，Radius 为 50，单击"Confirm"按钮，完成命令设置。

8）移动到码垛点接近位姿

添加 Move J 命令，使用 Jog 模式或直接示教，将机器人移动到码垛点正上方，夹爪竖直向下，获取码垛点接近位姿。

（1）根据码垛点，直接拖动机器人移动到它的正上方，保证夹爪竖直向下，如设置 X3=(400, -200, 400, 0, 180, 0)。

（2）全局参数设置，新建"putPose"，将参数设置为步骤（1）的 X3 的世界坐标位姿。

（3）设置时间为 5s，Radius 为 50，其他参数默认。

（4）单击"Confirm"按钮，完成命令设置。

9）码垛物体 1

机器人此时抓取物体运动到码垛点，控制夹爪将物体码垛到码垛点。

（1）添加 Move L 命令，通过拖动示教或 Jog 模式控制夹爪竖直向下，直至机器人抓取物体码垛在码垛点，获取此码垛点位姿，或者设置 X4=(400, -200, 100, 0, 180, 0)。

（2）设置时间为 5s，Radius 为 50，其他参数默认。

（3）单击"Confirm"按钮，完成命令设置。

（4）添加 Wait Motion 命令，设置时间为 5s。

（5）设置退出暂停模式，单击"Confirm"按钮。

10）释放物体 1

添加 Custom Code 命令，选择自定义命令，输入"gtr_tf(80,80,true)"，单击"Confirm"按钮，控制夹爪张开，释放物体 1。

11）撤回码垛点接近位姿

码垛物体 1 后，机器人撤回前面设置的码垛点接近位姿。

添加 Move L 命令，选择变量为"putPose"，速度为默认速度，Radius 为 50，单击"Confirm"按钮，完成命令设置。

12）物体 2 抓取点

添加 Move L 命令，通过拖动示教或 Jog 模式将机器人末端移动至夹爪可以抓取物体 2 的位置。步骤如下。

（1）根据物体 2 位置，拖动机器人到夹爪可以抓取的位置，获取该点的位姿，修改位姿，使得夹爪竖直向下，如设置 X11=(500, 200, 150, 0, 180, 0)。

（2）设置时间为 5s，Radius 为 50，其他参数默认。

（3）单击"Confirm"按钮，完成命令设置。

13）抓取物体 2

（1）添加 Custom Code 命令，选择自定义命令，输入"gtr_tf(60, 60, true)"，参数 60 对应夹爪移动的距离，根据物体大小进行设置，单击"Confirm"按钮，保存命令。

（2）添加 Wait Motion 命令，设置时间为 3s。

（3）设置退出暂停模式。

（4）单击"Confirm"按钮，完成命令设置。

14）撤回目标点接近位姿

抓取物体 2 后，机器人撤回前面设置的目标点接近位姿。添加 Move L 命令，选择变量为"preparePose"，选择全局速度和加速度，Radius 为 50，单击"Confirm"按钮，完成命令设置。

15）移动到码垛点接近位姿

（1）添加 Move J 命令，选择变量为"putPose"。

（2）设置时间为 5s，选择"Singularity Handling"选项，选择"Variable Velocity"选项，其他参数默认。

（3）单击"Confirm"按钮。设置可变速度模式，在运行过程中会根据关节姿态调整关节速度，实现柔顺地启动和停止。

16）码垛物体 2

机器人此时抓取物体，使用运动控制命令将物体码垛到码垛点。

（1）添加 Move L 命令，通过拖动示教或 Jog 模式控制夹爪竖直向下，直至机器人抓取物体码垛在码垛点，获取此码垛点位姿，如设置 X44=(400, -200, 150, 0, 180, 0)。

（2）设置时间为 5s，其他参数默认，单击"Confirm"按钮，完成命令设置。

（3）添加 Custom Code 命令，选择自定义命令，输入"gtr_tf(80,80,true)"，单击"Confirm"按钮，保存命令。

（4）添加 Wait Motion 命令，设置时间为 3s。

（5）设置退出暂停模式，单击"Confirm"按钮。

17）撤回码垛点接近位姿

码垛物体 1 后，机器人撤回前面设置的码垛点接近位姿。添加 Move L 命令，选择变量为"putPose"，速度为默认速度，单击"Confirm"按钮，完成命令设置。

18）执行码垛任务程序

（1）单击"开始"按钮，在虚拟模式下，将"Speed"调整为"100%"，执行任务程序。

（2）若虚拟模式运行未报错，机器人运行轨迹符合"门"形轨迹，则运行实时模式，调整"Speed"为"50%"，执行任务程序。

8.3.5　实训结果

根据实训步骤，创建抓取程序，并且将物体摆放在目标点。程序运行在实时模式时，机器人先运动到要抓取的物体上方的接近点，一般是物体正上方一段距离；然后向下运动到抓取点，夹爪闭合并抓取物体；接着向上撤回到接近点，机器人带着物体移动到码垛点接近位姿；接着向下运动到码垛点，控制夹爪张开，码垛物体，完成码垛后，机器人撤回码垛点接近位姿。这样一个抓取循环结束，机器人执行关节运动，重新到达要抓取物体上方的接近点，准备下一次抓取。机器人分两次抓取物体，并依次码垛在码垛点。码垛流程示意图如图 8-12 所示。

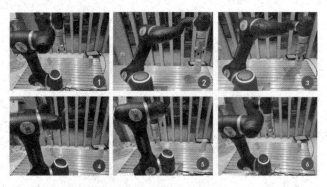

图 8-12　码垛流程示意图

注意，两个码垛点的 Z 轴坐标应留有空隙，防止机器人抓取物体时与表面发生碰撞。

8.3.6　思考与问答

（1）实训中使用拖动示教的方法，规划抓取物体和码垛物体的位姿，你能通过运动学的知识，计算出相应的坐标应该是多少吗？

（2）请尝试用 DRL 脚本语言编写实现上述码垛命令（不包括夹爪命令）。DRL 命令实现机器人码垛的参考程序如下。

```
#机器人起始位姿
home = [0, 0, 90, 0, 90, 0]
#机器人抓取接近点
Grab_Approach = [500, 100, 400, 0, 180, 0]
#机器人抓取点
Grab01= [500, 200, 100, 0, 180, 0]
Grab02= [500, 200, 150, 0, 180, 0]
```

```
#抓取撤回点
Grab_Back = [500, 200, 400, 0, 180, 0]
#码垛点接近位姿
Put_Approach = [400, -200, 400, 0, 180, 0]
#码垛点
Put01 = [400, -200, 100, 0, 180, 0]
Put02 = [400, -200, 150, 0, 180, 0]
#撤回码垛点接近位姿
Put_back = [400, -200, 400, 0, 180, 0]
movej(home, t=5)
# 物体 1 抓取过程
#到达物体上方
movel(Grab_Approach, t=3, radius = 40)
#到达抓取点
movel(Grab01, v= 30, acc = 50, radius = 40)
wait(3)      #等待 3s，完成抓取
#控制夹爪抓取物体
#通过夹爪控制软件抓取
#到达码垛点正上方
movel(Put_Approach, t=3, radius = 40)
# 码垛
movel(Put01, t=3, radius = 40)
wait(3)
# 撤回
movel(Put_back, t=3, radius = 40)
#抓取物体 2
#到达物体上方
movel(Grab_Approach, t=3, radius = 40)
#到达抓取点
movel(Grab02, v= 30, acc = 50, radius = 40)
wait(3)      #等待 3s，完成抓取
#控制夹爪抓取物体
#通过夹爪控制软件抓取
#到达码垛点正上方
movel(Put_Approach, t=3, radius = 40)
# 码垛
movel(Put02, t=3, radius = 40)
wait(3)
# 撤回
movel(Put_back, t=3, radius = 40)
#回到起始位姿
movej(home, t=5)
```

第9章　脚本编程案例

9.1　无线远程连接控制

9.1.1　实训目的

前面介绍了协作机器人的常规控制方法，通过有线连接控制，如示教器线缆连接机器人控制柜或计算机通过网线通信实现命令的传递。目前广泛应用的协作机器人如伯朗特、节卡、优傲等还未成熟地实现稳定的无线远程连接控制。而本实训中的样机，采用"青龙 2 号"机器人平台搭载的斗山 A0509s 协作机械臂提供了成熟的机器人操作软件，可以实现稳定的无线远程连接控制，通过路由器，将机器人运行信息和用户控制命令进行传递，让机器人控制和应用场景变得更加灵活。本实训通过 A0509s 协作机械臂，带领读者了解机器人远程控制的使用方法和优势，通过远程连接，实现机器人跳舞。

9.1.2　实训准备

本实训器材主要包括 A0509s 协作机械臂、连接外网的路由器、2 台计算机。

实训前确认计算机上安装了与控制柜版本相同的 DART Platform 和 DART Studio，确认机器人可正常开机启动，检查路由器是否工作正常，计算机可以连接路由器 WiFi 上网。

9.1.3　实训原理

远程连接控制，计算机连接路由器 WiFi，路由器 WiFi 通过网线连接机器人控制柜的 LAN 接口，当计算机与机器人的 IPv4 地址在同一频段时，计算机与机器人处于同一个局域网，DART Platform 和机器人控制柜可以发送数据报，数据报中包含计算机和机器人控制柜的地址，路由器实现数据报向目的地址的传输。在图 9-1 中，计算机通过无线 WAN 连接路由器，路由器通过 LAN 网线连接机器人，数据报在计算机、路由器和机器人构成的环路中传递信息。因为一个路由器可以连接多台计算机，因此，可以同时使用多台计算机连接机器人控制柜。

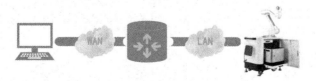

图 9-1　远程连接控制的示意图

9.1.4 实训步骤

远程连接只需在路由器的信号覆盖范围内，即可实现机器人和计算机的远程控制。范围约为 10m，因此可以将 2 台计算机同时连接 1 台机器人，轮流使用，当一台计算机在使用时，另一台计算机进行程序的编写和离线仿真。

1）远程控制：图形化编程

（1）连接控制器和路由器。

使用网线将无线路由器与机器人控制柜连接，配置路由器局域网设置，将其设置为 DHCP 模式。确保路由器连接了外网，否则计算机无法识别到机器人 IP 地址。

（2）设置 IP 地址。

设置机器人的网络地址，选择"Workcell Manager"菜单，选择网络地址配置，找到配置选项，将其设置为 DHCP 模式，或者在连接控制器和路由器步骤中确认路由器得到了 IP 地址段，将机器人配置为同一默认网关。例如，路由器 IP 地址段为 192.168.3.XXX，设置机器人 IP 地址为 192.168.3.99。

设置 2 台计算机的 IP 地址。将计算机连接到路由器的 WiFi 上，网络地址模式使用 DHCP 模式或与路由器局域网 IP 地址段相同的固定模式，推荐使用 DHCP 模式。更改计算机 IP 地址，如图 9-2 所示。

（3）运行机器人码垛任务：图形化编程。

使用计算机 1，打开 DART Platform，单击"刷新"按钮，当软件识别到机器人 IP 地址时，单击"连接"按钮，获取机器人控制权限。

准备码垛的物体，确保机器人运动空间充足，单击"TaskWriter"按钮，打开"Grap_Demo"任务，进入命令页面，可以看到实训 11 所创建的任务。单击"开始"按钮，运行实时模式，执行抓取任务。

图 9-2　更改计算机 IP 地址

2）远程控制：脚本命令

（1）运行机器人运动控制：脚本命令。

使用计算机 2，打开 DART Studio，选择"Setting"菜单，配置对应的 IP 地址，连接机器人。连接成功后，选择"Request"菜单，向主端申请机器人控制权限，此时的主端应该在计算机 1 的 DART Platform 中，由计算机 1 授权计算机 2 才可以获取机器人的控制权限。

（2）编写抓取物体的脚本命令。

在 mian.drl 中输入如下程序。

```
#机器人起始位姿
home = [0, 0, 90, 0, 90, 0]
#机器人抓取接近点
Grab_Approach = [500, 100, 400, 0, 180, 0]
#机器人抓取点
Grab01= [500, 200, 100, 0, 180, 0]
Grab02 = [500, 200, 150, 0, 180, 0]
#抓取撤回点
Grab_Back = [500, 200, 400, 0, 180, 0]
#码垛点接近位姿
Put_Approach = [400, -200, 400, 0, 180, 0]
#码垛点
Put01 = [400, -200, 100, 0, 180, 0]
Put02 = [400, -200, 150, 0, 180, 0]
#撤回码垛点接近位姿
Put_back = [400, -200, 400, 0, 180, 0]
movej(home, t=5)
# 物体 1 抓取过程
#到达物体上方
movel(Grab_Approach, t=3, radius = 40)
#到达抓取点
movel(Grab01, v= 30, acc = 50, radius = 40)
wait(3)     #等待 3s，完成抓取
#控制夹爪抓取物体
#通过夹爪控制软件抓取
#到达码垛点正上方
movel(Put_Approach, t=3, radius = 40)
# 码垛
movel(Put01, t=3, radius = 40)
wait(3)
# 撤回
movel(Put_back, t=3, radius = 40)

#抓取物体 2
#到达物体上方
movel(Grab_Approach, t=3, radius = 40)
#到达抓取点
movel(Grab02, v= 30, acc = 50, radius = 40)
wait(3)     #等待 3s，完成抓取
```

```
#控制夹爪抓取物体
#通过夹爪控制软件抓取
#到达码垛点正上方
movel(Put_Approach, t=3, radius = 40)
# 码垛
movel(Put02, t=3, radius = 40)
wait(3)
# 撤回
movel(Put_back, t=3, radius = 40)
#回到起始位姿
movej(home, t=5)
```

（3）运行脚本命令任务。

在菜单栏中，打开"Servo On"开关，选择 Auto 模式，调整"Speed"为"100%"，选择虚拟模式，单击"开始"按钮，在离线仿真功能下，查看机器人运动，通过界面右侧的"窗口调整"按钮调整窗口视角，观察机器人运动。

离线仿真无误，选择实时模式，设置"Speed"为"50%"，运行程序，随时准备按下紧急停止按钮，防止机器人发生剧烈碰撞。

在远程控制模式下，计算机 2 执行抓取任务命令，可以实现机器人"门"形轨迹的抓取任务，具体为机器人先运动到接近点，到达抓取点时，夹爪闭合并抓取，撤回到接近点，移动到码垛点接近位姿，移动到码垛点时，控制夹爪码垛物体，撤回码垛点接近位姿，这样一个抓取循环结束，机器人执行关节运动，到达接近点，准备下一次抓取。这样循环完成对抓取点和码垛点相同物体的周期性抓取和码垛。

9.1.5　思考与问答

通过运行相同的实训任务可以发现，无线远程控制可以完全实现有线控制的相同功能。请读者思考，无线连接与有线连接相比，有哪些优势？它能在哪些场景下发挥出它的优势？请查阅相关资料，思考以上问题。

9.2　协作机器人跳舞

9.2.1　实训目的

9.1 节介绍通过无线连接，将计算机与协作机器人进行连接，可以使用多台计算机连接一台机器人，进行远程仿真。本实训采用"青龙 2 号"机器人平台搭载的斗山 A0509s 协作机械臂，进行远程连接和 DART Studio 脚本编程来实现机器人的运动控制，通过主从端的软件分配方法，将一台计算机设置为超级管理员，监控另一台计算机的操作，以保证操作的安全性和产生故障时的快速处理。同时，采用多种基础和高阶的轨迹运动，让机器人跳舞，使读者进一步了解无线控制和协作机器人的运动。

9.2.2　实训准备

计算机 1 为超级管理员，计算机 2 为普通用户，其他与第 8 章相同。

9.2.3　实训原理

与 9.1 节相同。

9.2.4　实训步骤

1）连接控制器和路由器

按照 9.1.4 节设置好机器人 IP 地址。

2）远程连接计算机和机器人

打开 DART Studio，等待软件自动识别机器人的 IP 地址进行连接，或者直接输入所设置的机器人网络地址进行连接。

注意，实际使用中 DART Platform 的控制权限是高于 DART Studio 的，DART Platform 可以强制撤回 DART Studio 的控制权限，超级管理员的控制权限高于普通用户，可以强制撤回普通用户的控制权限。

3）在 DART Studio 中创建运动控制任务

单击菜单栏中的"新建"按钮，创建一个新项目，并选择项目文件的保存路径。在 Project Explore 中会自动生成 main.drl 文件和机器人配置文件。

4）编写运动控制脚本命令

在 main.drl 文件中输入如下程序，实现机器人跳舞。

```
#运动到起始位姿
movej([0,0,0,0,0,0],v=60,acc=50)
#定义速度、加速度
set_velx(30,20)  # set global task speed: 30(mm/sec), 20(deg/sec)
set_accx(60,40)  # set global task accel: 60(mm/sec2), 40(deg/sec2)
#起始位姿的关节角
JReady = [0, -20, 110, 0, 60, 0]
#末端工具关节位姿
TCP_POS = [0, 0, 0, 0, 0, 0]
J00 = [-180, 0, -145, 0, -35, 0]
#定义两组关节位姿
J01r = [-180.0, 71.4, -145.0, 0.0, -9.7, 0.0]
J02r = [-180.0, 67.7, -144.0, 0.0, 76.3, 0.0]
J03r = [-180.0, 0.0, 0.0, 0.0, 0.0, 0.0]
J04r = [-90.0, 0.0, 0.0, 0.0, 0.0, 0.0]
J05r = [-144.0, -4.0, -84.8, -90.9, 54.0, -1.1]
J07r = [-152.4, 12.4, -78.6, 18.7, -68.3, -37.7]
J08r = [-90.0, 30.0, -120.0, -90.0, -90.0, 0.0]
J04r1 = [-90.0, 30.0, -60.0, 0.0, 30.0, -0.0]
J04r2 = [-90.0, -45.0, 90.0, 0.0, -45.0, -0.0]
J04r3 = [-90.0, 60.0, -120.0, 0.0, 60.0, -0.0]
```

```
J04r4 = [-90.0, 0.0, -0.0, 0.0, 0.0, -0.0]

#终点位姿
JEnd = [0.0, -12.6, 101.1, 0.0, 91.5, -0.0]
#位姿增量
dREL1 = [0, 0, 200, 0, 0, 0]
dREL2 = [0, 0, -200, 0, 0, 0]
#直线/关节速度，直线/关节加速度
velx = [2, 0]
accx = [2, 0]
#谐波运动的直线、关节速度和加速度
vel_spi = [50, 400]
acc_spi = [50, 150]


J1 = [81.2, 20.8, 127.8, 162.5, 56.1, -37.1]
X0 = [-88.7, 599.0, 182.3, 80.7, 83.7, 113.9]
X1 = [304.2, 671.8, 141.5, 85.5, 74.9, 113.4]
X2 = [437.1, 676.9, 302.1, 85.6, 74.0, 112.1]
X3 = [-57.9, 582.4, 408.4, 85.6, 74.0, 112.1]
#谐波运动的参数 amp 代表各轴的角度赋值 period 是一个循环的时间
amp = [0, 0, 0, 30, 30, 0]
period = [0, 0, 0, 3, 6, 0]
x01 = [323.6, 334.5, 451.2, 84.7, -160.0, 84.7]
x02 = [323.6, 34.5, 600.0, 60.2, -160.0, 60.2]
x03 = [323.6, -265.5, 451.2, 76.1, -160.0, 76.1]
x04 = [323.6, 34.5, 221.2, 81.3, -160.0, 81.3]
x0204c = [x02, x04]
//循环语句，循环执行其中的语句，直到单击"暂停"按钮或 count 等于 0
count = 2
while count > 0 :
    #运动到起始位姿
    movej(JReady, v=20, a=20)
    movej(J1, v=0, a=0, t=3)
    #直线运动到 X3 处，使用 velx,accx 速度，此命令运行时间为 2.5s
    #若指定了 time，则根据 time 处理数值，忽略 v 和 a
    movel(X3, velx, accx, t=2.5)
    #循环执行
for i in range(0, 1):
    #设置 radius 参数，这是 movel 命令的转弯点的曲率
    movel(X2, velx, accx, t=2.5, radius=50, ref=DR_BASE, mod=DR_MV_MOD_ABS)
    #X2 和 X1 点之间设置了曲率，可以通过平滑曲线运动
    movel(X1, velx, accx, t=1.5, radius=50, ref=DR_BASE, mod=DR_MV_MOD_ABS)
    movel(X0, velx, accx, t=2.5)
    movel(X1, velx, accx, t=2.5, radius=50, ref=DR_BASE, mod=DR_MV_MOD_ABS)
    movel(X2, velx, accx, t=1.5, radius=50, ref=DR_BASE, mod=DR_MV_MOD_ABS)
    movel(X3, velx, accx, t=2.5, radius=50, ref=DR_BASE, mod=DR_MV_MOD_ABS)
    wait(3)   #等待 3s，执行下一行命令
    movej(J00, v=60, a=60, t=6)
```

```
movej(J01r, v=0, a=0, t=2, radius=100, mod=DR_MV_MOD_ABS)
movej(J02r, v=0, a=0, t=2, radius=50, mod=DR_MV_MOD_ABS)
movej(J03r, v=0, a=0, t=2)

movej(J04r, v=0, a=0, t=1.5)
movej(J04r1, v=0, a=0, t=2, radius=50, mod=DR_MV_MOD_ABS)
movej(J04r2, v=0, a=0, t=4, radius=50, mod=DR_MV_MOD_ABS)
movej(J04r3, v=0, a=0, t=4, radius=50, mod=DR_MV_MOD_ABS)
movej(J04r4, v=0, a=0, t=2)

movej(J05r, v=0, a=0, t=2.5, radius=100, mod=DR_MV_MOD_ABS)
movel(dREL1, velx, accx, t=1, radius=50, ref=DR_TOOL, mod=DR_MV_MOD_ABS)
movel(dREL2, velx, accx, t=1.5, radius=100, ref=DR_TOOL, mod=DR_MV_MOD_ABS)

movej(J07r, v=60, a=60, t=1.5, radius=100, mod=DR_MV_MOD_ABS)
movej(J08r, v=60, a=60, t=2)
movej(JEnd, v=60, a=60, t=4)
#谐波运动，运行 1 次，基于工具坐标系
move_periodic(amp, period, 0, 1, ref=DR_TOOL)
#螺旋线运动 3 圈，最大半径为 200mm，围绕工具坐标系的 Z 轴
move_spiral(rev=3, rmax=200, lmax=100, v=vel_spi, a=acc_spi, t=0, axis=DR_AXIS_Z, ref=DR_TOOL)
#直线运动，按照 x01、x04、x02、x01 点的顺序移动
movel(x01, velx, accx, t=2)
movel(x04, velx, accx, t=2, radius=80, ref=DR_BASE, mod=DR_MV_MOD_ABS)
movel(x03, 2, 80,DR_BASE,DR_MV_MOD_ABS)
movel(x02,2, 80, DR_BASE, DR_MV_MOD_ABS)
movel(x01, velx, accx, t=2)
#曲线运动，基坐标系的绝对值运动
movec(pos1=x02, pos2=x04, v=velx, a=accx, t=4, radius=360, mod=DR_MV_MOD_ABS, ref=DR_BASE)
#count 减 1，当 count 为 0 时，程序结束
count = count − 1
#回到起始位姿
movej([0,0,0,0,0,0],v=60,acc=50)
```

5）执行任务

（1）打开"Servo On"开关，选择 Auto 模式，选择虚拟模式，选择"Speed"为"100%"。单击"开始"按钮，或者通过 Debug 和单步调试模式运行。在图形化窗口可查看机器人在命令执行下的跳舞运动，总时长约为 2min15s。

（2）确保机器人四周空旷，选择实时模式，选择"Speed"为"60%"，单击"开始"按钮，一手放在紧急停止按钮上，机器人开始跳舞。

（3）单击"暂停"按钮，可以让机器人立即停止运动。

9.2.5　实训结果

程序开始运行后，首先机器人关节运动到达跳舞的准备姿态，然后进行关节运动，直线运动一小段距离，接着开始在平面内进行曲线运动，画出不同的曲线运动。当这一段曲线运动结束后，进入关节跳舞，机器人关节通过运动到各个不同的关节，以不同的速度，进行有

节奏的关节运动。关节运动结束后，进行直线运动，为下一步的谐波运动做准备，谐波运动的关节 5、6 的幅值是 30，运动时间分别是 3s 和 6s，画出一个谐波曲线。螺旋线运动，绕着圆锥顶点，在圆锥面上不断地向下运动，一共转了 3 圈。完成这些运动后，交替进行直线运动和关节运动，这一段跳舞就结束了。跳舞会循环执行 2 次。

注意，编写程序并运行时，应先通过虚拟模式确认程序的正确性，然后进入实时模式，防止意外碰撞，损坏机器人。机器人在实时模式下运行时，应随时准备好按下紧急停止按钮，防止突发情况的发生。

9.2.6 思考与问答

（1）A0509s 协作机械臂可以实现无线连接，这种无线连接与有线连接的区别是什么？优势是什么？

（2）请尝试调整本实训中的关节参数和运行的循环参数，实现更优美的舞蹈（先在虚拟模式下运行）。

9.3 协作机器人力控制

9.3.1 实训目的

协作机器人具备灵活且安全性能强的特性，可以实现类人体的一些功能。在了解了协作机器人如何实现运动后，本实训介绍如何使用协作机器人实现力控制，并且了解协作机器人的力控制功能，以及物体表面的磨抛力控制加工的原理。

9.3.2 实训准备

本实训需要用到 A0509s 协作机械臂、计算机、电源、协作机器人末端磨抛工具。在实验室老师的指导下，完成以下准备工作。

（1）电源：在实验室老师的指导下，连接机械臂的电源，并打开计算机。

（2）连接：打开计算机上的 DART Studio 和 DART Platform，并连接控制柜。

（3）空间：确保机械臂处于较空旷区域，桌面无障碍物。

（4）控制：通过上位机软件，确认机械臂状态正常，打开机械臂伺服开关。

9.3.3 实训原理

拖动机器人关节力矩传感器和末端力矩传感器，读取机器人加工时末端的接触力，通过机器人动力学，计算出在当前关节姿态下，实现目标力所需的关节电流，从而实现精准的末端力输出。因此，可以实现在末端加工时，移动过程中的接触力是恒定的。

9.3.4 实训步骤

本实训先介绍协作机器人如何实现力控制的基本方法，然后使用其力控制功能，结合运动控制，实现机器人力控制任务。

1）机器人力控制：图形化命令

通过图形化命令，验证机器人的末端力控制功能，将机器人末端工具如夹爪，拆除。创建一个新任务——ForceControlTest，如图 9-3 所示。

（1）添加 Move J 命令，设置目标点关节位姿为(0,90,0,0,90,0)，设置速度为 60，加速度为 60，设置为可变速度，其他参数默认，保存。

（2）添加 Compliance 命令，单击"On"单选按钮，使用默认参数，设置时间为 0.5s。

（3）添加 Force 命令，单击"On"单选按钮，选择方向为 Z 轴，选择 Z 参数为-10N，设置时间为 1s，其他参数默认，保存。

（4）添加 WaitMotion 命令，设置时间为 3s。

（5）添加 Force 和 Compliance 命令，选择关闭。

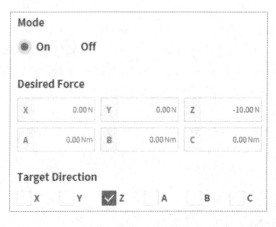
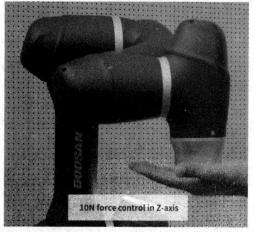

图 9-3　创建 ForceControlTest 任务

（6）单击"开始"按钮，在实时模式下运行程序，机器人会执行 Move J 命令到起始位姿，启动刚度和力模式，目标力为 10N。

实验结果：当机器人无外力时，机器人会一直向下运动，时间为 WaitMotion 命令的时间，因为有目标力，机器人在目标力带动下向其方向运动。如果用手托在机器人 6 轴的末端，当接触力为 10N 时，机器人停止运动；当接触力大于 10N 时，机器人 Z 轴向上运动；当接触力小于 10N 时，向下运动。

（7）选择前面设置的 Force 命令，单击工具栏中的"Suppress"按钮，将该命令注释掉。

（8）选择 Compliance 命令，修改它的参数为较小的值，如图 9-4 所示。

实验结果：单击"开始"按钮，在实时模式下运行程序，此时，操作人员用手去尝试拖动末端 FTS，因为还没有开启力控制，但机器人的刚度设置为一个较小值，拖动末端 FTS，机器人会因为操作人员的外力发生一定的运动，就像弹簧一样。

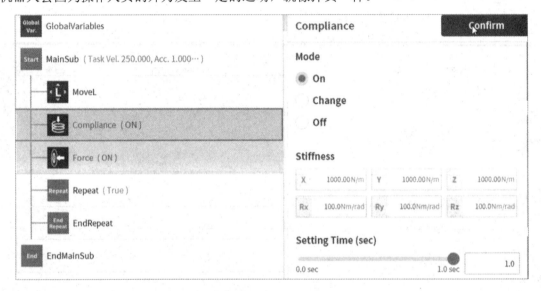

图 9-4　修改 Compliance 参数

机器人的力控制必须设置机器人的刚度才能实现，设置了对应刚度，机器人控制柜才能通过末端 FTS 传感器获取的力信息，结合设置的刚度，计算出当前应该输出的各关节电流。

2）机器人力控制：脚本编程

（1）打开 DART Studio，设置机器人对应的 IP 地址，连接机器人控制柜。选择对应的机器人型号为 A0509s，创建新任务。单击菜单栏中的"新建"按钮，创建一个新项目，并选择项目文件的保存路径。在 Project Explore 中会自动生成 main.drl 文件和机器人配置文件。

（2）创建任务后，在 main.drl 文件中编程机器人力控制程序命令。

```
j0 = posj(0, 0, 90, 0, 90, 0)
x1 = posx(0, 500, 700, 0, 180, 0)
x2 = posx(300, 100, 700, 0, 180, 0)
x3 = posx(300, 100, 500, 0, 180, 0)
#自定义速度和加速度
set_velx(100,20)
set_accx(100,20)
#运行到起始关节处
movej(j0, vel=10, acc=10)
#直线运动到x2，在运动过程中，启用力控制功能
```

```
movel(x2)
#设置机器人的刚度为 3 个移动刚度和 3 个旋转刚度
task_compliance_ctrl(stx = [500, 500, 500, 100, 100, 100])
#设置 3 个方向目标力和 3 个目标力矩，Z 参数为 10N
fd = [0, 0, 0, 0, 0, 10]
# fctrl_dir，设置力命令参数，Z 轴的力和力矩控制
fctrl_dir= [0, 0, 1, 0, 0, 1]
set_desired_force(fd, dir=fctrl_dir, time=1.0)
#力控制运行结束后，继续运动到 x3
movel(x3, v=10)
#接触力控制和刚度控制关闭
release_force(0.5)
release_compliance_ctrl()
```

（1）在输入命令后，单击菜单栏中的"Request"按钮，获取机器人控制权限，打开机器人伺服开关，选择 Auto 模式，在虚拟模式下运行程序。因为虚拟模式没有接触，所以力控制命令效果无法验证。

（2）设置"Speed"为"50%"，选择实时模式，运行程序，在 6 轴末端 FTS 拖住机器人，机器人停止向下运动。此时，运行界面的状态栏右下角显示 Z 轴的力为 10N 并不断变化，当手离开末端时，机器人继续向下运动，Z 轴的力约为 0N。

9.3.5　力控制：曲面跟踪

前面介绍了协作机器人末端力控制的原理及如何使用机器人力控制功能，本节通过一个实际应用场景，帮助读者进一步加深对机器人力控制功能的应用和了解。请参照以下步骤进行。

（1）准备一个末端工具，由一个连接机器人末端 FTS 的圆盘底座和细长圆杆构成，圆杆末端是光滑的球形，将该末端工具安装到机器人末端，如图 9-5 所示。

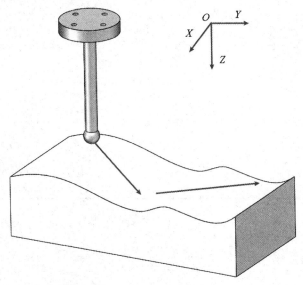

图 9-5　恒力跟踪示意图

（2）准备一个具备向下和向上的曲面，将其码垛在机器人的正前方。

（3）打开 DART Platform，创建名为 FlexCurveTrace 的新任务。

（4）添加 Move J 命令，设置关节位姿为(0, 0, 90, 0, 90, 0)，保存命令。

（5）添加 Compliance 命令，单击"On"单选按钮，使用默认参数，设置时间为 1 s。

（6）添加 Force 命令，单击"On"单选按钮，选择方向为 Z 轴，选择 Z 参数为-20 N，设置时间为 1 s，其他参数默认，保存。

（7）添加 Repeat 命令，在"Repeat"（迭代语句）文本框中输入"check_force_condition (DR_AXIS_Z,max=10,ref=None)"，保存命令。此命令会不断读取机器人末端接触力，直到接触力到达最大值 10N，进入下一命令，如图 9-6 所示。

（8）添加 Move L 命令，使用绝对坐标，设置为(100, -300, 0, 0, 0, 0)，设置机器人以当前点，X 正方向 100 mm，Y 负方向 300 mm 移动。

（9）添加 Move L 命令，使用绝对坐标，设置为(-100, -300, 0, 0, 0, 0)，设置机器人以当前点，X 负方向 100 mm，Y 负方向 300 mm 移动。

（10）添加 Move J 命令，设置参数为(0,0,90,0,90,0)，回到初始位姿。

（11）添加 Force 和 Compliance 命令，设置为关闭。

（12）单击"开始"按钮，在实时模式下检查末端力信息，随时准备好按下紧急停止按钮，设置"Speed"为"40%"，开始运行程序。

图 9-6　曲面跟踪程序示意图

9.3.6　实训结果

程序运行时，如果机器人参数设置正确，那么机器人会执行图 9-7 所示的运动，先从初始位姿向下运动，直到末端圆球接触曲面，然后执行 Move L 命令，因为此时力控制功能开启，机器人在 Z 方向为满足期望力时会顺着 Z 轴向下运动。因此，即使命令中没有设置 Z 轴的位姿，末端圆球也会在力控制功能的作用下贴着复杂曲面完成 x 正方向 100 mm，y 负方向 300 mm 的运动。同样地，第 2 个 Move L 命令也是如此。

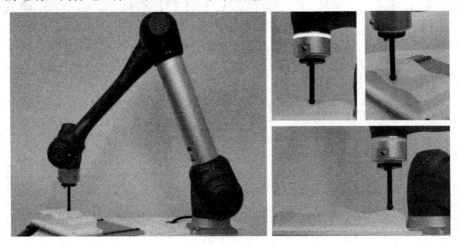

图 9-7　力控制曲面跟踪示意图

9.3.7　思考与问答

（1）你已经学会了如何实现机器人力控制，你能通过框图描述机器人力控制的控制逻辑吗？

（2）请尝试设置机器人在 Y 轴的力控制。

（3）你能尝试通过脚本命令，实现 Y 轴或 Z 轴的旋转目标力的控制吗？

第 10 章　基于 ROS 的机器人实训案例

10.1　ROS 基础：编写简单的发布者和订阅者

10.1.1　实训目的与要求

在学习基于 ROS 对机器人进行控制之前，首先学习 ROS 中最基础的发布者和订阅者的编写方法，为后续上机实验奠定基础。

安装 Ubuntu20.04 系统，并按照第 6 章所讲述的方法进行 ROS 的安装与配置，在建立的 beginner_tutorials 包中进行操作。

10.1.2　实训原理与步骤

发布消息和订阅消息属于 ROS 通信的基础操作，详情参见 6.3.5 节。

1）编写发布者节点

"节点"是连接到 ROS 网络的可执行文件。创建发布者节点，该节点将不断广播消息。当前目录切换到 6.3 节创建的 beginner_tutorials 包中。

```
roscd beginner_tutorials
```

首先创建一个 src 目录来存放源代码文件。

```
mkdir src
```

在 src 目录下创建 talk er.cpp 文件并粘贴以下代码进去。在下面的代码中，编写了一个发布器，其作用为不断重复地发送文本类型的消息 hello world 到 chatter 话题上。代码中加入了一些中文注释（//开头），以便读者理解相关语句的作用。

```
// ros/ros.h 是一个很便利的 include，它包括使用 ROS 中最常见的公共部分所需的全部头文件。
"std_msgs/String.h"引用了位于 std_msgs 包里的 std_msgs/String 消息。这是从 std_msgs 包里的 String.msg 文件中自动生成的头文件
#include "ros/ros.h"
#include "std_msgs/String.h"
#include <sstream>
int main(int argc, char **argv)
{
//初始化 ROS。这使得 ROS 可以通过命令行进行名称重映射。这也是给节点指定名称的地方。节点名在运行的系统中必须是唯一的
ros::init(argc, argv, "talker");
// NodeHandle 为这个进程的节点创建句柄。创建的第一个 NodeHandle 实际上将执行节点的初始化，而最后一个被销毁的 NodeHandle 将清除节点所使用的任何资源
ros::NodeHandle n;
```

　　//Publisher 告诉主节点我将在 chatter 话题上发布一个类型为 std_msgs/String 的消息。这会让主节点告诉任何正在监听 chatter 的节点，将在这一话题上发布数据。第二个参数是发布队列的大小。在本例中，如果发布得太快，它将最多缓存 1000 条消息，不然就会丢弃旧消息。NodeHandle::advertise()返回一个 ros::Publisher 对象，它有两个目的：其一，它包含一个 publish()方法，可以将消息发布到创建它的话题上；其二，当超出范围时，它将自动取消这一宣告操作

```
    ros::Publisher chatter_pub = n.advertise<std_msgs::String>("chatter", 1000);
    // ros::Rate 对象能让你指定循环的频率。它会记录从上次调用 Rate::sleep()到现在已经有多长时间，并休眠正确的时间。在本例中，告诉它希望以 10Hz 运行。
    ros::Rate loop_rate(10);
    int count = 0;
    //在默认情况下，roscpp 将安装一个 SIGINT 处理程序，它能够处理 Ctrl+C 操作，让 ros::ok()返回 false
    while (ros::ok())
    {
    // 使用一种消息自适应的类在 ROS 上广播消息，该类通常由 msg 文件生成。更复杂的数据类型也可以，不过现在将使用标准的 String 消息，它有一个成员：data
    std_msgs::String msg;
    std::stringstream ss;
    ss << "hello world " << count;
    msg.data = ss.str();
    ROS_INFO("%s", msg.data.c_str());
    // 发布消息
    chatter_pub.publish(msg);
    // ROS_INFO 和它的朋友们可用来取代 printf/cout
    ros::spinOnce();
    loop_rate.sleep();
    ++count;
    }
    return 0;
}
```

2）编写订阅者节点

　　在 src 目录下创建 talker.cpp 文件并粘贴以下代码进去。在下面的代码中，编写了一个订阅器，其作用为用回调函数 chatterCallback()不断重复地读取 chatter 话题上的文本类型的消息，并通过 ROS_INFO 输出到终端。

```
#include "ros/ros.h"
#include "std_msgs/String.h"
// 回调函数，当有新消息到达 chatter 话题时会被调用
void chatterCallback(const std_msgs::String::ConstPtr& msg){
  ROS_INFO("I heard: [%s]", msg->data.c_str());
}
int main(int argc, char **argv){
  ros::init(argc, argv, "listener");
  ros::NodeHandle n;
// 通过主节点订阅 chatter 话题。每当有新消息到达时，ROS 将调用 chatterCallback()函数。第二个参数是队列大小，以防处理消息的速度不够快。在本例中，如果队列达到 1000 条，再有新消息到达时，旧消息会被丢弃
  ros::Subscriber sub = n.subscribe("chatter", 1000, chatterCallback);
  //ros::spin()启动了一个自循环，它会尽可能快地调用回调函数
```

```
ros::spin();
return 0;
}
```

3）构建节点

前面的教程中使用了 catkin_create_pkg，它创建了一个 package.xml 和 CMakeLists.txt 文件。生成的 CMakeLists.txt 文件如下（修改了自创建的 ROS 消息和服务教程，删除了未使用的注释和示例）。

```
cmake_minimum_required(VERSION 2.8.3)
project(beginner_tutorials)
find_package(catkin REQUIRED COMPONENTS roscpp rospy std_msgs genmsg)
add_message_files(DIRECTORY msg FILES Num.msg)
add_service_files(DIRECTORY srv FILES AddTwoInts.srv)
generate_messages(DEPENDENCIES std_msgs)
catkin_package()
```

此时，操作人员将如下代码添加到 CMakeLists.txt 文件的底部。

```
add_executable(talker src/talker.cpp)
target_link_libraries(talker ${catkin_LIBRARIES})
add_dependencies(talker beginner_tutorials_generate_messages_cpp)
add_executable(listener src/listener.cpp)
target_link_libraries(listener ${catkin_LIBRARIES})
add_dependencies(listener beginner_tutorials_generate_messages_cpp)
```

上述条件的命令，当编译时，会创建 2 个可执行文件 talker 和 listener，在默认情况下，它们保存在软件包目录下的 devel 空间中，即~/catkin_ws/devel/lib/<package name>。

注意，必须为可执行目标添加依赖项到消息生成目标。

```
add_dependencies(talker beginner_tutorials_generate_messages_cpp)
```

这确保了在使用此包之前生成了该包的消息头。若使用来自 catkin 工作空间中的其他包中的消息，则还需要将依赖项添加到各自的生成目标中，因为 catkin 工作空间将所有项目并行构建。

现在可以运行 catkin_make。

```
# 在 catkin 工作空间中
cd ~/catkin_ws
catkin_make
```

4）运行发布者和订阅者

（1）运行发布者

确保 roscore 已经开启，输入如下内容。

```
roscore
```

如果使用 catkin 工作空间，在运行程序前，请确保在调用 catkin_make 后已经 source 过 catkin 工作空间的 setup.*sh 文件。

```
# 在 catkin 工作空间中
cd ~/catkin_ws
source ./devel/setup.bash
```

运行 talker。

```
rosrun beginner_tutorials talker
```

运行结束会输出一段消息。

（2）运行订阅者

运行 Listener。

```
rosrun beginner_tutorials listener
```

10.1.3　实训结果

当运行发布者时，输入"rosrun beginner_tutorials talker"后，输出如下内容。

```
[INFO] [WallTime: 1314931831.774057] hello world 1314931831.77
[INFO] [WallTime: 1314931832.775497] hello world 1314931832.77
[INFO] [WallTime: 1314931833.778937] hello world 1314931833.78
```

这表示 talker 发布成功，接着运行订阅者，输入"rosrun beginner_tutorials listener"后，输出如下内容。

```
[INFO] [WallTime: 1314931969.258941] /listener_17657_1314931968795I heard hello world 1314931969.26
[INFO] [WallTime: 1314931970.262246] /listener_17657_1314931968795I heard hello world 1314931970.26
[INFO] [WallTime: 1314931971.266348] /listener_17657_1314931968795I heard hello world 1314931971.26
```

这表示订阅者已经成功收到了发布者发出来的消息。

10.1.4　思考与问答

查阅资料，理解 topic 通信机制；思考话题订阅和发布是如何实现的。

10.2　ROS 基础：编写简单的服务和客户端

10.2.1　实训目的与要求

在学习基于 ROS 对机器人进行控制之前，首先学习 ROS 中服务和客户端的编写方法，为后续上机实验奠定基础。

在 beginner_tutorials 包中操作编写简单的服务-客户端模型。

10.2.2　实训原理与步骤

服务和客户端是 ROS 通信的基础操作，详情参见 6.3.6 节。

1）编写服务节点

本节将创建简单的服务节点 add_two_ints_server，该节点将接收 2 个整数，并返回它们的和。将当前目录切换到 6.3 节创建的 beginner_tutorials 包。

```
roscd beginner_tutorials
```

注意，请确保已经创建了本实训中需要的 AddTwoInts 服务。

在 beginner_tutorials 包中创建 src/add_two_ints_server.cpp 文件并粘贴以下代码。该服务节点的作用为等待一个请求，将请求中的 2 个整数相加，并返回它们的和。

```
#include "ros/ros.h"
//下面的头文件是从之前创建的 srv 文件中生成的头文件
#include "beginner_tutorials/AddTwoInts.h"
//add 函数提供了 AddTwoInts 服务，它接受 srv 文件中定义的请求（Request）和响应（Response）类
型，并返回一个布尔值
bool add(beginner_tutorials::AddTwoInts::Request  &req,
        beginner_tutorials::AddTwoInts::Response &res){
//此处，2 个整数相加，其和已经存储在了 Response 中，记录一些有关请求和响应的信息到日志中。完
成后，服务返回 true
    res.sum = req.a + req.b;
    ROS_INFO("request: x=%ld, y=%ld", (long int)req.a, (long int)req.b);
    ROS_INFO("sending back response: [%ld]", (long int)res.sum);
    return true;
}
int main(int argc, char **argv){
  ros::init(argc, argv, "add_two_ints_server");
  ros::NodeHandle n;
//在这里，服务被创建，并在 ROS 中宣告
  ros::ServiceServer service = n.advertiseService("add_two_ints", add);
  ROS_INFO("Ready to add two ints.");
  ros::spin();
  return 0;
}
```

2）编写客户端节点

在 beginner_tutorials 包中创建 src/add_two_ints_client.cpp 文件并粘贴以下代码。该客户端节点的作用为发送一个请求，包含 2 个整数，并等待服务节点响应。

```
#include "ros/ros.h"
#include "beginner_tutorials/AddTwoInts.h"
#include <cstdlib>
int main(int argc, char **argv){
  ros::init(argc, argv, "add_two_ints_client");
  if (argc != 3) {
    ROS_INFO("usage: add_two_ints_client X Y");
    return 1;
  }
  ros::NodeHandle n;
//为 add_two_ints 服务创建一个客户端，ros::ServiceClient 对象的作用是在稍后调用服务
  ros::ServiceClient client = n.serviceClient<beginner_tutorials::AddTwoInts>("add_two_ints");
  beginner_tutorials::AddTwoInts srv;
  srv.request.a = atoll(argv[1]);
  srv.request.b = atoll(argv[2]);
  if (client.call(srv)) {
    ROS_INFO("Sum: %ld", (long int)srv.response.sum);
  }else{
    ROS_ERROR("Failed to call service add_two_ints");
    return 1;
  }
```

```
    return 0;
}
```

3）构建节点

再来编辑一下 beginner_tutorials 包里面的 CMakeLists.txt 文件，该文件位于~/catkin_ws/src/beginner_tutorials/CMakeLists.txt，并将下面的代码添加在文件底部。

```
add_executable(add_two_ints_server src/add_two_ints_server.cpp)
target_link_libraries(add_two_ints_server ${catkin_LIBRARIES})
add_dependencies(add_two_ints_server beginner_tutorials_gencpp)
add_executable(add_two_ints_client src/add_two_ints_client.cpp)
target_link_libraries(add_two_ints_client ${catkin_LIBRARIES})
add_dependencies(add_two_ints_client beginner_tutorials_gencpp)
```

上述命令在编译时，将创建 2 个可执行文件 add_two_ints_server 和 add_two_ints_client。在默认情况下，它们被保存在软件包目录下的 devel 空间，即~/catkin_ws/devel/lib/<package name>中。可执行文件可以直接被调用，也可以使用 rosrun 来调用。它们没有被放在<prefix>/bin 中，因为这样在将软件包安装到系统时会污染 PATH 环境变量。

重新打开工作空间目录，运行 catkin_make。

```
# 在 catkin 工作空间中
cd ~/catkin_ws
catkin_make
```

10.2.3　实训结果

首先运行如下服务。

```
rosrun beginner_tutorials add_two_ints_server
```

此时，输出如下内容。

```
Ready to add two ints.
```

然后运行客户端并附带必要的参数，输出如下内容。

```
rosrun beginner_tutorials add_two_ints_client 1 3
```

当服务和客户端创建正确时，输出如下内容。

```
Requesting 1+3
1 + 3 = 4
```

整个过程如图 10-1 所示，首先客户端发出请求 1 和 3，然后等待服务器响应；服务器接收到请求后对数据进行处理，返回响应 4，客户端接收到响应后继续执行后面的程序。

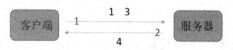

图 10-1　服务-客户端模型

10.2.4　思考与问答

尝试编写更加复杂的服务-客户端模型：服务器可以处理 3 个参数，除了待处理的参数，还有运算法则，而客户端也相应改变。例如，客户端发送"3""4""*"，服务器应该返回"12"。

10.3　协作机器人 ROS 软件包认知

10.3.1　实训目的与要求

以"青龙 2 号"机器人平台为例，学习基于 ROS 的协作机器人的环境配置，并掌握一般协作机器人 ROS 软件包的组成部分。

10.3.2　实训原理与环境配置

一般而言，协作机器人厂商会针对协作机器人的底层控制开发一套完整的 ROS 软件包，对机器人进行控制。用户仅需自行编写个性化、特定化的算法程序，即可完成自行开发的算法在 ROS 上的部署。而针对不同的需求，如仿真、真实机器人、夹爪的配置、运动规划工具等，ROS 软件包中往往包含若干不同功能的子软件包。本实训对常用的子软件包进行说明，并以"青龙 2 号"机器人平台为例，介绍斗山系列机器人 ROS 软件包中的控制接口。

实训前需要进行斗山系列机器人的 ROS 环境配置，以 ROS Noetic 版本为例，其他版本注意安装过程中的版本选择。具体过程如下。

首先创建 doosan_ws 工作空间，打开一个新的终端，输入如下内容。

```
cd ~
mkdir -p doosan_ws/src
cd ~/doosan_ws/src
catkin_init_workspace
git clone -b noetic-devel --single-branch https://github.com/doosan-robotics/doosan-robot
rosdep install --from-paths doosan-robot --ignore-src --rosdistro noetic -r -y
```

由于 ROS Noetic 版本没有 serial 软件包，因此输入如下命令，手动安装相关模块。

```
cd ~/ doosan_ws/src
git clone https://github.com/wjwwood/serial.git
cd ~/ doosan_ws
catkin_make
source ./devel/setup.bash
```

斗山官方的 ROS 软件包中需要包含 rqt、moveit、ros-control 等依赖项，运行如下命令，安装依赖项。

```
sudo apt-get install ros-noetic-rqt* ros-noetic-moveit* ros-noetic-gazebo-ros-control ros-noetic-joint-state-controller ros-noetic-effort-controllers ros-noetic-position-controllers ros-noetic-ros-controllers ros-noetic-ros-control ros-noetic-joint-state-publisher-gui ros-noetic-joint-state-publisher
```

在 Ubuntu 系统中安装 ROS 软件包（Package）的命令都很类似，在使用过程中，如果提示缺少部分软件包，那么可以通过如下命令进行安装。

```
sudo apt-get install ros-noetic-<Package name>
```

10.3.3　ROS 软件包认知及代码解读

1）认识 ROS 的几种控制模式

本节将先对各种控制模式的启动方式进行简要介绍，然后对其中一些常用的控制模式以代码的方式展开介绍。

（1）仿真模式控制。

无真实机器人可用时，可在仿真模式下运行 ROS，仿真器（DRCF）将会自动运行。

```
(DRCF) location: doosan-robot/common/bin/ DRCF
```

启动前，确保已经编译通过并 source 了斗山的工作空间。

```
cd ~/ doosan _ws
catkin_make
source ./devel/setup.bash
```

运行 launch。

```
roslaunch dsr_launcher single_robot_rviz_gazebo.launch mode:=virtual model:=a0509 gui:=false
```

此时，机器人仿真器会被打开，同时，RViz 可视化工具开启，但 gazebo 界面没有开启（因为 gazebo 界面会占用大量的计算资源，因此一般不会开启，即 gui:=false）。由于机器人的命名带有一些前缀，因此要进行图 10-2 所示的配置。

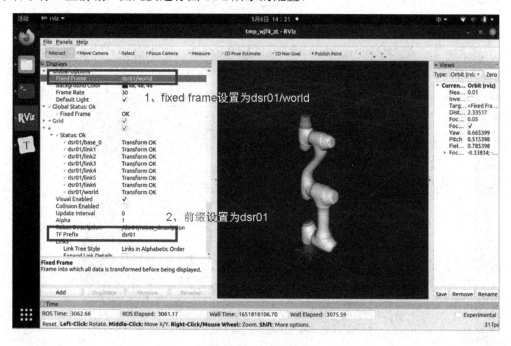

图 10-2　RViz 配置

添加 TF 可视化各关节的坐标系，如图 10-3 所示。最终的仿真界面如图 10-4 所示。

（2）实时模式控制。

在驱动真实机器人时，需要对机器人的 IP 地址进行配置。默认的机器人控制器的 IP 地址为 192.168.127.100，端口号为 12345。

由于需要保证计算机与机器人控制器的 IP 地址处于同一局域网，因此，在连接机器人控制器和计算机网线之后，应对本地计算机的 IP 地址进行 IPv4 的配置，将计算机和机器人设置在同一网关下，如机器人为 192.168.127.100 时，计算机可以设置为 192.168.127.101。

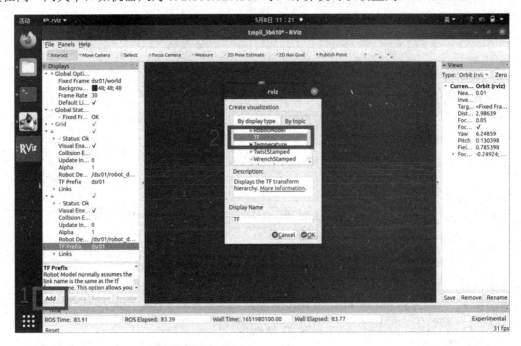

图 10-3　添加 TF 可视化各关节的坐标系

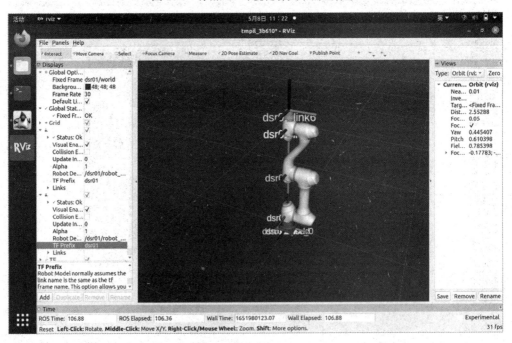

图 10-4　最终的仿真界面

配置完成后，测试一下计算机是否已经与机器人连接，打开新的命令终端，输入如下内容。

```
ping 192.168.127.100
```

若连接失败，则需要同时对计算机端和机器人端的 IP 设置进行检验，机器人控制器的 IP 地址可以通过示教器或 DART Platform 进行配置。

确保机器人的连接后，运行 launch。

```
roslaunch dsr_launcher single_robot_gazebo.launch mode:=real host:=192.168.127.100 port:=12345 model:=a0509
```

（3）可视化 dsr_description。

单独的机器人。

```
roslaunch dsr_description a0509.launch
```

改变可视化颜色。

```
roslaunch dsr_description a0509.launch color:=blue
```

添加 robotiq 夹爪。

```
roslaunch dsr_description a0509.launch gripper:=robotiq_2f
```

在可视化模块 dsr_description 中，用户可以用 joint_state_publisher（msg：sensor_msgs/JointState）移动机器人。但需要注意的是，这与仿真不是同一概念，仅仅是机器人特定关节角在 RViz 下的可视化。

（4）使用 Moveit 包。

Moveit 包是 ROS 中一系列移动操作的功能包的组成，主要包含运动规划、碰撞检测、运动学、3D 感知、操作控制等功能，广泛应用于工业、商业、研发和其他领域。

斗山官方已为所有系列的机器人配置了 Moveit 包，用户可以直接启动。

```
roslaunch dsr_launcher dsrmoveit_gazebo.launch model:=a0509 gui:=false mode:=virtual
```

若连接了真实机器人，则在上述代码底部添加 "mode:=real" "host:=192.168.127.100"（IP 地址需要与机器人设置一致）。

```
roslaunch dsr_launcher dsrmoveit_gazebo.launch model:=a0509 gui:=false mode:=virtual mode:=real host:=192.168.127.100
```

Moveit 启动界面如图 10-5 所示，在机器人末端会出现一个交互性标记球（Marker），可以用鼠标拖动该 Marker 到目标位姿，在 RViz 左下角 "MotionPlanning" 中的 "OMPL" 中选择一种规划方法，如在第 2 章讲解的 RRT，单击 "Planning" 选项卡中的 "plan&execute" 按钮即可完成规划并执行。若规划失败，则可以改变位姿，或者改变规划方法再次尝试。

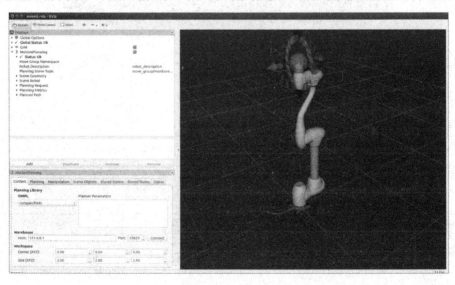

图 10-5　Moveit 启动界面

2）ROS 话题和服务接口

本节介绍斗山官方提供的一些ROS接口，主要包含机器人传感器数据的实时获取、机器人基本控制等。打开终端，运行如下命令，打开仿真器。

```
cd ~/ doosan _ws
catkin_make
source ./devel/setup.bash
roslaunch dsr_launcher single_robot_rviz_gazebo.launch mode:=virtual model:=a0509 gui:=false
```

若连接并使用真实机器人，则将最后一句的"mode:=virtual"更改为"mode:=real"并添加"host:=192.168.127.100"（IP 地址需要与机器人设置一致）。

保持原本的终端，打开新的终端，输入如下内容。

```
rosservice list
```

就会发现众多传感器数据获取和机器人控制的服务接口。

（1）传感器数据的获取。

在斗山官方提供的接口中，传感器数据的获取一般是通过 Service 的形式给出的，如图 10-6 所示。

```
/dsr01a0509/aux_control/get_control_mode
/dsr01a0509/aux_control/get_control_space
/dsr01a0509/aux_control/get_current_posj
/dsr01a0509/aux_control/get_current_posx
/dsr01a0509/aux_control/get_current_rotm
/dsr01a0509/aux_control/get_current_solution_space
/dsr01a0509/aux_control/get_current_tool_flange_posx
/dsr01a0509/aux_control/get_current_velj
/dsr01a0509/aux_control/get_current_velx
/dsr01a0509/aux_control/get_desired_posj
/dsr01a0509/aux_control/get_desired_posx
/dsr01a0509/aux_control/get_desired_velj
/dsr01a0509/aux_control/get_desired_velx
/dsr01a0509/aux_control/get_external_torque
/dsr01a0509/aux_control/get_joint_torque
/dsr01a0509/aux_control/get_orientation_error
/dsr01a0509/aux_control/get_solution_space
/dsr01a0509/aux_control/get_tool_force
```

图 10-6　传感器数据获取相关的 Service

下面对当前关节角、末端位姿、关节外力和末端力 4 个关键数据的获取进行具体介绍，其余数据获取方法类似，不再具体介绍。

①获取关节角。

服务名：/dsr01a0509/aux_control/get_current_posj。

服务类型 srv：GetCurrentPosj.srv。

该服务的 request 为空，即不需要输入参数。response 如表 10-1 所示。

表 10-1　GetCurrentPosj.srv 的 response

参 数 名 称	数 据 类 型	描　　述
pos	float64[6]	关节角
success	bool	true or false

②获取末端位姿。

服务名：/dsr01a0509/aux_control/get_current_tool_flange_posx。

服务类型 srv：GetCurrentToolFlangePosx.srv。

该服务的 request 为空。response 如表 10-2 所示。

表 10-2　GetCurrentToolFlangePosx.srv 的 response

参 数 名 称	数 据 类 型	描　　述
pos	float64[6]	关节角
success	bool	true or false

③获取关节外力。

服务名：/dsr01a0509/aux_control/get_external_torque。

服务类型 srv：GetExternalTorque.srv。

该服务的 request 如表 10-3 所示，response 如表 10-4 所示。

表 10-3　GetExternalTorque.srv 的 request

参 数 名 称	数 据 类 型	默 认 值	描　　述
ref	Int8	0	MOVE_REFERENCE_BASE =0 MOVE_REFERENCE_WORLD=2

表 10-4　GetExternalTorque.srv 的 response

参 数 名 称	数 据 类 型	描　　述
ext_torque	float64[6]	各关节所受外力
success	bool	true or false

④获取末端力。

服务名：/dsr01a0509/aux_control/get_tool_force。

服务类型 srv：GetToolForce.srv。

该服务的 request 如表 10-5 所示，response 如表 10-6 所示。

表 10-5　GetToolForce.srv 的 request

参 数 名 称	数 据 类 型	默 认 值	描　　述
ref	Int8	0	MOVE_REFERENCE_BASE =0 MOVE_REFERENCE_WORLD=2

表 10-6　GetToolForce.srv 的 response

参 数 名 称	数 据 类 型	描　　述
ext_torque	float64[6]	末端工具所受外力
success	bool	true or false

（2）机器人控制。

在斗山官方提供的接口中，机器人控制的接口一般也是通过 Service 的形式给出的，如图 10-7 所示。

```
/dsr01a0509/motion/alter_motion
/dsr01a0509/motion/change_operation_speed
/dsr01a0509/motion/check_motion
/dsr01a0509/motion/disable_alter_motion
/dsr01a0509/motion/enable_alter_motion
/dsr01a0509/motion/fkin
/dsr01a0509/motion/ikin
/dsr01a0509/motion/ikin_ex
/dsr01a0509/motion/jog
/dsr01a0509/motion/jog_multi
/dsr01a0509/motion/move_blending
/dsr01a0509/motion/move_circle
/dsr01a0509/motion/move_home
/dsr01a0509/motion/move_joint
/dsr01a0509/motion/move_jointx
/dsr01a0509/motion/move_line
/dsr01a0509/motion/move_pause
/dsr01a0509/motion/move_periodic
/dsr01a0509/motion/move_resume
/dsr01a0509/motion/move_spiral
/dsr01a0509/motion/move_spline_joint
/dsr01a0509/motion/move_spline_task
/dsr01a0509/motion/move_stop
/dsr01a0509/motion/move_wait
/dsr01a0509/motion/set_ref_coord
/dsr01a0509/motion/set_singularity_handling
/dsr01a0509/motion/trans
```

图 10-7 机器人控制相关的 Service

①关节空间控制。

功能：从当前关节位姿移动到目标关节位姿。

服务名：/dsr01a0509/motion/move_joint。

服务类型 srv：MoveJoint.srv。

该服务的 request 如表 10-7 所示，response 如表 10-8 所示。

表 10-7 MoveJoint.srv 的 request

参数名称	数据类型	默认值	描述
pos	float64[6]	—	关节角
vel	float64	—	最大速度
acc	float64	—	最大加速度
time	float64	0.0	到达时间 [s]
radius	float64	0.0	混合过渡圆弧半径
mode	int8	0	绝对运动模式：0；相对运动模式：1
blendType	int8	0	混合模式 BLENDING_SPEED_TYPE：DUPLICATE =0，OVERRIDE =1
syncType	int8	0	同步：SYNC = 0；异步：ASYNC = 1

表 10-8 MoveJoint.srv 的 response

参数名称	数据类型	描述
success	bool	true or false

若指定了 time，则基于时间处理值，忽略 vel 和 acc。

如果 blendType 设置为 BLENDING_SPEED_TYPE_DUPLICATE 且 radius>0，那么当后

续运动终止，而由前一运动的剩余距离、速度和加速度确定的剩余运动时间大于后续运动的运动时间时，可以终止前一运动，如图 10-8 所示。

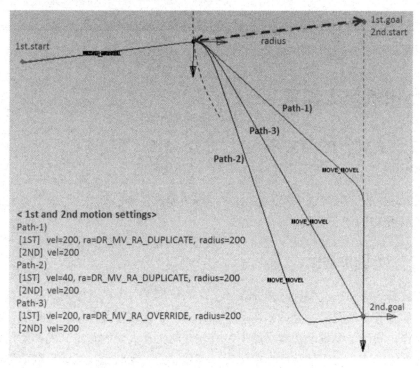

图 10-8　blendType 与过渡圆弧的示例说明

②笛卡儿空间控制。

功能：机器人沿直线移动到任务空间内的目标位姿。

服务名：/dsr01a0509/motion/move_line。

服务类型 srv：MoveLine.srv。

该服务的 request 如表 10-9 所示，response 如表 10-10 所示。

表 10-9　MoveLine.srv 的 request

参数名称	数据类型	默 认 值	描　　　述
pos	float64[6]	—	末端位姿
vel	float64[2]	—	最大线/角速度
acc	float64[2]	—	最大线/角加速度
time	float64	0.0	到达时间 [s]
radius	float64	0.0	混合过渡圆弧半径
ref	int8	0	参考坐标系。机器人基坐标系 base：0； 工具坐标系 tool：1；世界坐标系 world：2
mode	int8	0	绝对运动模式：0；相对运动模式：1
blendType	int8	0	混合模式 BLENDING_SPEED_TYPE： DUPLICATE =0，OVERRIDE =1
syncType	int8	0	同步：SYNC = 0；异步：ASYNC = 1

表 10-10   MoveLine.srv 的 response

参 数 名 称	数 据 类 型	描 述
success	bool	true or false

参数说明与关节空间控制相同，不再赘述。

10.4   协作机器人抓取

10.4.1   实训目的与要求

以"青龙 2 号"机器人平台搭载的斗山 A0509s 协作机械臂为例，学习基于 ROS 协作机器人的控制方法，以抓取规划为例，在 ROS 环境下将第 2 章的机器人学基础理论与第 9 章所学的 ROS 命令接口应用于实践。

10.4.2   实训原理

机器人的运动学和轨迹规划涉及计算复杂，而机器人包中的控制接口已经解决了这个问题，其相关的服务和话题已经经过了运动学的计算，并嵌入了简单的轨迹规划，极大地方便了用户的操作，简化了编程。在本实训中，首先控制机器人走到预定义的初始位姿，然后运动到识别的物体上方，向下移动到抓取位置，规划"门"形轨迹，完成抓取动作，再抬起机械臂。

10.4.3   实训步骤

1）新建控制包

在 10.2、10.3 节的基础上，先在 src 目录中建立一个自己的控制包 my_controller，并添加 CMakeLists.txt 和 package.xml 文件，打开终端，执行如下命令。

```
cd ~/ doosan _ws/src
mkdir
cd my_controller
touch CMakeLists.txt package.xml
```

CMakeLists.txt:文件如下。

```
cmake_minimum_required(VERSION 3.0.2)
project(my_controller)
set(CMAKE_CXX_STANDARD 11)

find_package(catkin REQUIRED COMPONENTS
    actionlib
    actionlib_msgs
    geometry_msgs
    message_generation
    roscpp
    rospy
```

```
        std_msgs
        sensor_msgs
        control_msgs
        trajectory_msgs
        cmake_modules
        )
    catkin_package(
        INCLUDE_DIRS
        CATKIN_DEPENDS roscpp std_msgs sensor_msgs geometry_msgs nav_msgs actionlib move_base_
msgs control_msgs trajectory_msgs interactive_markers moveit_core pluginlib actionlib_msgs
        )
    link_directories(/opt/ros/neodic/lib)
    include_directories(
        include
        ${catkin_INCLUDE_DIRS}
        /usr/include/eigen3
        ../../devel/include
    )
    install(DIRECTORY
        controller
        launch
        DESTINATION ${CATKIN_PACKAGE_SHARE_DESTINATION}
        )

    add_executable(PickPlace src/PickPlace.cpp
        )
    target_link_libraries(PickPlace ${catkin_LIBRARIES} ${Boost_LIBRARIES})

    add_executable(ReadTest src/ReadTest.cpp
        )
    target_link_libraries(ReadTest ${catkin_LIBRARIES} ${Boost_LIBRARIES})
```

package.xml 文件如下。

```xml
<?xml version="1.0"?>
<package format="2">
  <name>my_controller</name>
  <version>0.0.0</version>
  <description>The controller package</description>
  <maintainer email="info@ocrtoc.org">robot</maintainer>
  <license>BSD</license>
  <buildtool_depend>catkin</buildtool_depend>
  <build_depend>actionlib</build_depend>
  <build_depend>actionlib_msgs</build_depend>
  <build_depend>geometry_msgs</build_depend>
  <build_depend>message_generation</build_depend>
  <build_depend>roscpp</build_depend>
  <build_depend>rospy</build_depend>
  <build_depend>std_msgs</build_depend>
```

```xml
<build_export_depend>actionlib</build_export_depend>
<build_export_depend>actionlib_msgs</build_export_depend>
<build_export_depend>geometry_msgs</build_export_depend>
<build_export_depend>roscpp</build_export_depend>
<build_export_depend>rospy</build_export_depend>
<build_export_depend>std_msgs</build_export_depend>
<build_depend>roslaunch</build_depend>
<build_depend>rostime</build_depend>
<build_depend>nav_msgs</build_depend>
<build_depend>control_msgs</build_depend>
<build_depend>trajectory_msgs</build_depend>
<build_depend>tf</build_depend>
<build_depend>Eigen</build_depend>
<build_depend>pluginlib</build_depend>
<build_depend>interactive_markers</build_depend>
<build_depend>interactive_markers</build_depend>
<build_depend>actionlib_msgs</build_depend>
<exec_depend>roslaunch</exec_depend>
<exec_depend>rostime</exec_depend>
<exec_depend>nav_msgs</exec_depend>
<exec_depend>control_msgs</exec_depend>
<exec_depend>trajectory_msgs</exec_depend>
<exec_depend>tf</exec_depend>
<exec_depend>Eigen</exec_depend>
<exec_depend>pluginlib</exec_depend>
<exec_depend>interactive_markers</exec_depend>
<exec_depend>interactive_markers</exec_depend>
<exec_depend>actionlib_msgs</exec_depend>
<exec_depend>actionlib</exec_depend>
<exec_depend>actionlib_msgs</exec_depend>
<exec_depend>geometry_msgs</exec_depend>
<exec_depend>roscpp</exec_depend>
<exec_depend>rospy</exec_depend>
<exec_depend>std_msgs</exec_depend>
<build_depend>sensor_msgs</build_depend>
<build_export_depend>sensor_msgs</build_export_depend>
<exec_depend>sensor_msgs</exec_depend>
<export>
</export>
</package>
```

按照 10.2、10.3 节的流程，开启机器人仿真环境或连接真实机器人。

2）编写抓取动作

结合 10.3 节所介绍的 Move J 和 Move L 命令，编写一个简单的抓取动作，在 my_controller 包中新建 C++文件 PickPlace.cpp，输入如下内容。

```cpp
// 头文件
#include "ros/ros.h"
#include "dsr_msgs/MoveLine.h"
```

```cpp
#include "dsr_msgs/MoveJoint.h"
//类型定义
typedef std::vector<double> DVector;
//主函数
int main(int argc, char** argv) {
    // ROS 初始化
    ros::init(argc, argv, "PickPlace");
    ros::NodeHandle nh = ros::NodeHandle();
    // 定义 MoveLine 和 MoveJoint 的客户端，srv 是官方提供的 dsr_msgs::MoveLine 和 dsr_msgs::MoveJoint
    ros::ServiceClient MovelClient = nh.serviceClient<dsr_msgs::MoveLine>("/dsr01a0509/motion/move_line");
    ros::ServiceClient MovejClient = nh.serviceClient<dsr_msgs::MoveJoint>("/dsr01a0509/motion/move_joint");
    // 定义 MoveJoint 的 srv 对象 movej
    dsr_msgs::MoveJoint movej;
    // 定义初始关节角，并赋值给 movej
    DVector joint = {0,0,90,0,90,0};
    for (int i = 0; i < 6; ++i) {
        movej.request.pos.elems[i] = joint[i];
    }
    // 定义运行时间
    movej.request.time = 5;
    // call 服务器，若失败，则报错
    if(!MovejClient.call(movej)){
        ROS_ERROR("Movej Client Call failed");
    }

    // 定义 MoveLine 的 srv 对象 movel
    dsr_msgs::MoveLine movel;
    // 初始位姿
    DVector home = {450, -100, 400, 0, 180, 0};
    // 物体正上方笛卡儿空间的坐标
    DVector x0 = {500, 100, 400, 0, 180, 0};
    // 物体处于笛卡儿空间的坐标
    DVector x1 = {500, 100, 300, 0, 180, 0};
    // 抓取物体
    DVector x2 = {500, 100, 400, 0, 180, 0};
    // 移动到目标位姿上方
    DVector x3 = {400, -100, 400, 0, 180, 0};
    // 码垛物体
    DVector x4 = {400, -100, 300, 0, 180, 0};
    // 机械臂抬起，完成整个抓取动作
    DVector x5 = {400, -100, 400, 0, 180, 0};
    // 将预先定义的位姿集成到 path 里
    std::vector<DVector> path = {home,x0 , x1 , x2 , x3 , x4 , x5};
    // 统一各段轨迹运行时间为 4s，过渡圆弧交融半径为 20mm
    movel.request.time = 4.0;
    movel.request.radius = 20;
```

```
      movel.request.syncType = 0;
      // 逐一运行
      for (int j = 0; j < path.size(); ++j) {
        for (int i = 0; i < 6; ++i) {
          movel.request.pos.elems[i] = path[j][i];
        }
        if(!MovelClient.call(movel)){
          ROS_ERROR("Call failed");
        }
      }
    }
```

重新打开一个终端，不要关闭之前的终端，编译运行上述代码（确保仿真或实时模式已经开启）。

```
cd ~/doosan_ws
catkin_make
source devel/setup.bash
rosrun my_controller PickPlace
```

配置好节点，打开终端，进入工作空间目录，编译并运行如下代码。

```
cd ~/doosan_ws
catkin_make
source devel/setup.bash
rosrun my_controller PickPlace
```

在 RViz（或真实机器人）中会看到机器人先运行到初始位姿，然后向下运动，找到目标位姿，抓取（没有插入夹爪模块，仿真中看不到），撤回到码垛点上方，向下运动，完成码垛，整个流程机器人实现了一个"门"形轨迹。

10.4.4　思考与问答

尝试更改抓取点位置、抓取高度等，理解代码中各部分的含义。

10.5　协作机器人数据监测

10.5.1　实训目的与要求

以"青龙2号"机器人平台为例，学习基于 ROS 协作机器人的数据监测方法，可将 10.4 节内容结合起来进行。调用相关服务，获取机器人关节位姿、力矩等信号，以 topic 的形式发到指定话题，以通过 ROS 的 rqt 工具实现数据的可视化。

10.5.2　实验步骤

在 my_controller 包中新建 C++文件 ReadTest.cpp，并粘贴如下代码，在本代码中，借助斗山官方提供的服务对机器人的关节角、末端位姿、关节外力和末端力进行获取，将该信息通过 cout 输出，并借助 topic 话题将信息不断地发布出来，便于后续使用和数据可视化。请注意，A0509s 协作机械臂不带末端力矩传感器，无法进行末端力矩的获取。

```cpp
// 头文件
#include "ros/ros.h"
#include "dsr_msgs/GetCurrentPosj.h"
#include "dsr_msgs/GetCurrentToolFlangePosx.h"
#include "dsr_msgs/GetExternalTorque.h"
#include "dsr_msgs/GetToolForce.h"
#include "geometry_msgs/PoseStamped.h"
#include "geometry_msgs/Wrench.h"
#include "std_msgs/Float64.h"
#include "kdl/frames.hpp"
//类型定义
typedef std::vector<double> DVector;
using std::cout;
using std::endl;
// print 函数，打印 DVector 中的数据
void printDvector(const DVector& vec){
    for (int i = 0; i < 6; ++i) {
        std::cout<<vec[i]<<" ";
    }
    cout<<endl;
}


//主函数
int main(int argc, char** argv) {
    // ROS 初始化
    ros::init(argc, argv, "ReadTest");
    ros::NodeHandle nh = ros::NodeHandle();
    // 定义 GetCurrentPosj 和 GetCurrentPosx 的客户端，srv 是官方提供的 dsr_msgs::GetCurrentPosj 和
dsr_msgs::GetCurrentPosx
    ros::ServiceClient GetPosjClient = nh.serviceClient<dsr_msgs::GetCurrentPosj>("/dsr01a0509/aux_control/
get_current_posj");
    ros::ServiceClient GetPosxClient = nh.serviceClient<dsr_msgs::GetCurrentToolFlangePosx>("/dsr01a0509/
aux_control/get_current_tool_flange_posx");
    ros::ServiceClient GetExtTorqueClient = nh.serviceClient<dsr_msgs::GetExternalTorque>("/dsr01a0509/
aux_control/get_external_torque");
    ros::ServiceClient GetToolForceClient = nh.serviceClient<dsr_msgs::GetToolForce>("/dsr01a0509/aux_
control/get_tool_force");

    ros::Publisher PosxPub = nh.advertise<geometry_msgs::PoseStamped>("/dsr01a0509/ee_pose",100,true);
    ros::Publisher ExtTorquePub = nh.advertise<geometry_msgs::Wrench>("/dsr01a0509/ext_torque",100,true);
    ros::Publisher ToolForcePub = nh.advertise<geometry_msgs::Wrench>("/dsr01a0509/tool_force",100,true);
    geometry_msgs::PoseStamped pose;
    geometry_msgs::Wrench torque;
    geometry_msgs::Wrench force;
    ros::Rate loop_rate(50);
```

```cpp
// 定义 GetCurrentPosj 的 srv 对象 posj
dsr_msgs::GetCurrentPosj posj;
DVector joint(6);
// 定义 GetExternalTorque 的 srv 对象 torque_ext
dsr_msgs::GetExternalTorque torque_ext;
DVector torque_ext_vec(6);
// 定义 GetCurrentToolFlangePosx 的 srv 对象 posx
dsr_msgs::GetCurrentToolFlangePosx posx;
DVector ee_pose(6);
// 定义 GetToolForce 的 srv 对象 tool_force
dsr_msgs::GetToolForce tool_force;
DVector tool_force_vec(6);
while(ros::ok()){
  /**
   * 获取当前关节角
   */
  // call 服务器，若失败，则报错
  if(!GetPosjClient.call(posj)){
    ROS_ERROR("GetCurrentPosj Client Call failed");
  }
  // 将服务器的 response 复制给 DVector
  for (int i = 0; i < 6; ++i) {
    joint[i] = posj.response.pos.elems[i];
  }
  // 打印关节变量
  cout<<"当前关节角为 : ";
  printDvector(joint);
  /**
   * 获取当前末端位姿
   */
  posx.request.ref = 2;
  // call 服务器，若失败，则报错
  if(!GetPosxClient.call(posx)){
    ROS_ERROR("GetCurrentPosx Client Call failed");
  }
  // 将服务器的 response 复制给 DVector
  for (int i = 0; i < 6; ++i) {
    ee_pose[i] = posx.response.pos.elems[i];
    if (i<3){
      ee_pose[i] /= 1000;
    }
  }
  pose.header.stamp=ros::Time::now();
  pose.header.frame_id = "/dsr01/world";
  pose.pose.position.x = ee_pose[0];
  pose.pose.position.y = ee_pose[1];
  pose.pose.position.z = ee_pose[2];
  PosxPub.publish(pose);
```

```
// 打印末端位姿 x、y、z、A、B、C
cout<<"当前末端位姿为 : ";
printDvector(ee_pose);
/**
 * 获取当前关节外力
 */
// call 服务器，若失败，则报错
if(!GetExtTorqueClient.call(torque_ext)){
    ROS_ERROR("GetExtTorque Client Call failed");
}
// 将服务器的 response 复制给 DVector
for (int i = 0; i < 6; ++i) {
    torque_ext_vec[i] = torque_ext.response.ext_torque.elems[i];
}
torque.force.x = torque_ext_vec[0];
torque.force.y = torque_ext_vec[1];
torque.force.z = torque_ext_vec[2];
torque.torque.x = torque_ext_vec[3];
torque.torque.y = torque_ext_vec[4];
torque.torque.z = torque_ext_vec[5];
ExtTorquePub.publish(torque);
// 打印关节变量
cout<<"当前关节外力为 : ";
printDvector(torque_ext_vec);
/**
 * 获取当前末端力
 */
// call 服务器，若失败，则报错
if(!GetToolForceClient.call(tool_force)){
    ROS_ERROR("GetExtTorque Client Call failed");
}
// 将服务器的 response 复制给 DVector
for (int i = 0; i < 6; ++i) {
    tool_force_vec[i] = tool_force.response.tool_force.elems[i];
}
force.force.x = tool_force_vec[0];
force.force.y = tool_force_vec[1];
force.force.z = tool_force_vec[2];
force.torque.x = tool_force_vec[3];
force.torque.y = tool_force_vec[4];
force.torque.z = tool_force_vec[5];
ToolForcePub.publish(force);
// 打印关节变量
cout<<"当前末端力为 : ";
printDvector(tool_force_vec);
loop_rate.sleep();
    }
}
```

10.5.3　实训结果

完成准备工作后，编译运行程序（确保仿真或实时模式已经开启）。

```
cd  ~/doosan_ws
catkin_make
source devel/setup.bash
rosrun my_controller ReadTest
```

运行结果会循环输出类似下列信息，说明程序已经获取了机器人相关的数据。

```
当前关节角为：0 0 0 0 0 0
当前末端位姿为：0 34.5 1452.5 0 0 0
当前关节外力为：-0.0132838 0.0308266 -0.00835715 0.0164237 0.0162095 -0.0422837
当前末端力为：0 0 0 0 0 0
```

在运行过程中，新开一个命令窗口，输入 "rosrun rqt_plot rqt_plot"，运行 rqt 监测系统程序发布的末端位置等信息。例如，打开 rqt 后，在 "Topic" 文本框中输入 "/dsr01a0509/ee_pose/pose/position/x"，单击右侧的 "+" 按钮会出现末端位置 x 的分量，其他类似，如图 10-9 所示。

在图 10-9 中，机器人末端的位置发生变化，因为本实训是在上一实训运行的同时开展的，可以从图中的曲线变化看到机器人末端位置 x、y、z 是随着同样的时间轴，根据上一实训预期的规划动作运行的。

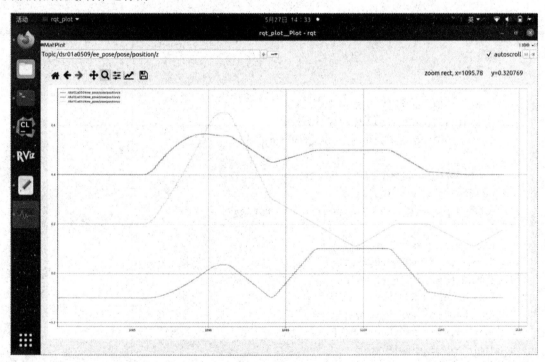

图 10-9　末端位置 x、y、z 的可视化

若在机器人运动过程中，随机拖动机器人本体和末端，则会在关节和末端产生外力的监测信号，采用同样的方式可以在 rqt 中可视化末端工具受力（见图 10-10）和机器人关节受力（见图 10-11）。

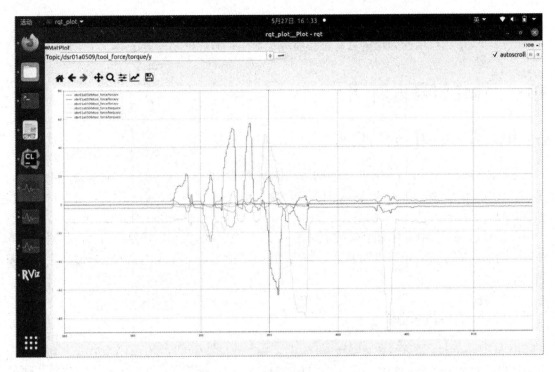

图 10-10　机器人末端工具受力

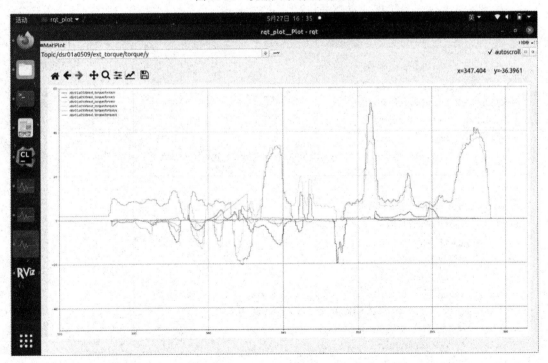

图 10-11　机器人关节受力

10.5.4　思考与问答

（1）尝试将其他信息（如关节重力、关节速度等）通过类似的操作获取并发布到某一话题上。

（2）你能根据获取的力矩等信息进行碰撞检测吗？请尝试编写程序。

10.6　协作机器人舞蹈

10.6.1　实训目的与要求

进一步学习基于 ROS 协作机器人的运动控制及规划方法，深入理解 Move J、Move L、Move S、Move C 等机器人规划控制中的基本命令，并在此基础上举一反三，自行探索协作机器人的其他编码方法。

在机器人关节控制和末端直线控制的基础上，本实训加入末端螺旋线运动、往复运动和圆周运动的控制方法（详情可以参见 API 手册），在此基础上，编码机器人轨迹，生成完整的舞蹈。

10.6.2　实训步骤

在 my_controller 包中新建 C++文件 Dance.cpp，并粘贴如下代码，在本代码中，借助斗山官方提供的服务接口对机器人 MoveLine、MoveJoint、MovePeriodic、MoveSpiral 和 MoveCircle 等动作进行编码集成，最终形成完整的舞蹈。

```cpp
// 头文件
#include "ros/ros.h"
#include "dsr_msgs/MoveLine.h"
#include "dsr_msgs/MoveJoint.h"
#include "dsr_msgs/MovePeriodic.h"
#include "dsr_msgs/MoveSpiral.h"
#include "dsr_msgs/MoveCircle.h"
#include "../../doosan-robot/dsr_control/include/dsr_control/dsr_hw_interface.h"

//类型定义
typedef std::vector<double> DVector;
ros::ServiceClient MovelClient;
ros::ServiceClient MovejClient;
ros::ServiceClient MovepClient;
ros::ServiceClient MovesClient;
ros::ServiceClient MovecClient;
bool MoveJ( DVector& Joints, double time, double radius=0){
    // 定义 MoveJoint 的 srv 对象 movej
    dsr_msgs::MoveJoint movej;
    for (int i = 0; i < 6; ++i) {
        movej.request.pos.elems[i] = Joints[i];
    }
    // 定义时间等
    movej.request.radius = radius;
    movej.request.mode = DR_MV_MOD_ABS;
```

```cpp
    movej.request.time = time;
    // call 服务器，若失败，则报错
    if(!MovejClient.call(movej)){
        ROS_ERROR("Movej Client Call failed");
        return false;
    }else{
        return true;
    }
}

bool MoveJ( DVector& Joints, double vel, double acc, double radius){
    // 定义 MoveJoint 的 srv 对象 movej
    dsr_msgs::MoveJoint movej;
    for (int i = 0; i < 6; ++i) {
        movej.request.pos.elems[i] = Joints[i];
    }
    // 定义运行速度和加速度
    movej.request.vel = vel;
    movej.request.acc = acc;
    movej.request.radius = radius;
    movej.request.mode = DR_MV_MOD_ABS;

    // call 服务器，若失败，则报错
    if(!MovejClient.call(movej)){
        ROS_ERROR("Movej Client Call failed");
        return false;
    }else{
        return true;
    }
}

bool MoveL( DVector& X, double time, double radius=0, char ref=DR_BASE, char mode = DR_MV_MOD_
ABS){
    // 定义 MoveLine 的 srv 对象 movel
    dsr_msgs::MoveLine movel;
    for (int i = 0; i < 6; ++i) {
        movel.request.pos.elems[i] = X[i];
    }
    movel.request.radius = radius;
    movel.request.mode = mode;
    movel.request.ref = ref;
    movel.request.time = time;
    if(!MovelClient.call(movel)){
        ROS_ERROR("Call failed");
        return false;
    }else{
        return true;
    }
```

```
    }

    bool MoveL( DVector& X, DVector& vel, DVector& acc,double radius = 0, char ref = DR_BASE, char mode
= DR_MV_MOD_ABS){
        // 定义 MoveLine 的 srv 对象 movel
        dsr_msgs::MoveLine movel;
        for (int i = 0; i < 6; ++i) {
            movel.request.pos.elems[i] = X[i];
        }
        for (int i = 0; i < 2; ++i) {
            movel.request.vel.elems[i] = vel[i];
            movel.request.acc.elems[i] = acc[i];
        }
        movel.request.radius = radius;
        movel.request.mode = mode;
        movel.request.ref = ref;
        if(!MovelClient.call(movel)){
            ROS_ERROR("Call failed");
            return false;
        }else{
            return true;
        }
    }

    //主函数
    int main(int argc, char** argv) {
        // ROS 初始化
        ros::init(argc, argv, "PickPlace");
        ros::NodeHandle nh = ros::NodeHandle();
        // 定义 MoveLine 和 MoveJoint 的客户端，srv 是官方提供的 dsr_msgs::MoveLine 和 dsr_msgs::MoveJoint
        MovelClient = nh.serviceClient<dsr_msgs::MoveLine>("/dsr01a0509/motion/move_line");
        MovejClient = nh.serviceClient<dsr_msgs::MoveJoint>("/dsr01a0509/motion/move_joint");
        MovepClient = nh.serviceClient<dsr_msgs::MovePeriodic>("/dsr01a0509/motion/move_periodic");
        MovesClient = nh.serviceClient<dsr_msgs::MoveSpiral>("/dsr01a0509/motion/move_spiral");
        MovesClient = nh.serviceClient<dsr_msgs::MoveSpiral>("/dsr01a0509/motion/move_spiral");
        MovecClient = nh.serviceClient<dsr_msgs::MoveCircle>("/dsr01a0509/motion/move_circle");
        // 初始位姿
        DVector home = {450, -100, 400, 0, 180, 0};
        // 物体正上方笛卡儿空间的坐标
        DVector x0 = {500, 100, 400, 0, 180, 0};
        // 物体处于笛卡儿空间的坐标
        DVector x1 = {500, 100, 300, 0, 180, 0};
        // 将物体抓取
        DVector x2 = {500, 100, 400, 0, 180, 0};
        // 移动到目标位姿上方
        DVector x3 = {400, -100, 400, 0, 180, 0};
        // 码垛物体
        DVector x4 = {400, -100, 300, 0, 180, 0};
```

```
   // 机械臂抬起，完成整个抓取动作
   DVector x5 = {400, -100, 400, 0, 180, 0};
   // 将预先定义的位姿集成到 path 里
   std::vector<DVector> path = {home,x0 , x1 , x2 , x3 , x4 , x5};
// DVector velx(30,20);
// DVector accx(60,40);

// set_velx(30,20)
// set_accx(60,40)
   DVector JReady = {0, -20, 110, 0, 60, 0};
   DVector TCP_POS = {0, 0, 0, 0, 0, 0};
   DVector J00 = {-180, 0, -145, 0, -35, 0};
   DVector J01r = {-180.0, 71.4, -145.0, 0.0, -9.7, 0.0};
   DVector J02r = {-180.0, 67.7, -144.0, 0.0, 76.3, 0.0};
   DVector J03r = {-180.0, 0.0, 0.0, 0.0, 0.0, 0.0};

   DVector J04r = {-90.0, 0.0, 0.0, 0.0, 0.0, 0.0};
   DVector J04r1 = {-90.0, 30.0, -60.0, 0.0, 30.0, -0.0};
   DVector J04r2 = {-90.0, -45.0, 90.0, 0.0, -45.0, -0.0};
   DVector J04r3 = {-90.0, 60.0, -120.0, 0.0, 60.0, -0.0};
   DVector J04r4 = {-90.0, 0.0, -0.0, 0.0, 0.0, -0.0};

   DVector J05r = {-144.0, -4.0, -84.8, -90.9, 54.0, -1.1};
   DVector J07r = {-152.4, 12.4, -78.6, 18.7, -68.3, -37.7};
   DVector J08r = {-90.0, 30.0, -120.0, -90.0, -90.0, 0.0};
   DVector JEnd = {0.0, -12.6, 101.1, 0.0, 91.5, -0.0};

   DVector dREL1 = {0, 0, 200, 0, 0, 0};
   DVector dREL2 = {0, 0, -200, 0, 0, 0};

   DVector velx(2,0);
   DVector accx(2,0);
   DVector vel_spi(20,400);
   DVector acc_spi(20,150);

   DVector J1 = {81.2, 20.8, 127.8, 162.5, 56.1, -37.1};

   DVector X0 = {-88.7, 599.0, 182.3, 80.7, 83.7, 113.9};
   DVector X1 = {304.2, 671.8, 141.5, 85.5, 74.9, 113.4};
   DVector X2 = {437.1, 676.9, 302.1, 85.6, 74.0, 112.1};
   DVector X3 = {-57.9, 582.4, 408.4, 85.6, 74.0, 112.1};

   DVector amp = {0, 0, 0, 30, 30, 0};
   DVector period = {0, 0, 0, 3, 6, 0};

   DVector x01 = {323.6, 334.5, 451.2, 84.7, -160.0, 84.7};
   DVector x02 = {323.6, 34.5, 600.0, 60.2, -160.0, 60.2};
   DVector x03 = {323.6, -265.5, 451.2, 76.1, -160.0, 76.1};
```

```
DVector x04 = {323.6, 34.5, 221.2, 81.3, -160.0, 81.3};
std::vector<DVector> x0204c = {x02, x04};

while(ros::ok() && count--){
    MoveJ(JReady,20,20,0);
    MoveJ(J1,3);
    MoveL(X3,2.5);

    for (int rep = 0; rep < 2; ++rep) {
        MoveL(X2, 2.5, 50, DR_BASE, DR_MV_MOD_ABS);
        MoveL(X1, 1.5, 50, DR_BASE, DR_MV_MOD_ABS);
        MoveL(X0, 2.5);
        MoveL(X1, 2.5,50, DR_BASE, DR_MV_MOD_ABS);
        MoveL(X2, 1.5, 50, DR_BASE, DR_MV_MOD_ABS);
        MoveL(X3, 2.5,50, DR_BASE, DR_MV_MOD_ABS);

        MoveJ(J00, 6);
        MoveJ(J01r, 2, 100);
        MoveJ(J02r, 2, 50);
        MoveJ(J03r, 2);

        MoveJ(J04r, 1.5);
        MoveJ(J04r1, 2, 50);
        MoveJ(J04r2, 4, 50);
        MoveJ(J04r3, 4,50);
        MoveJ(J04r4, 2);

        MoveJ(J05r, 2.5,100);
        MoveL(dREL1, 1,50, DR_TOOL, DR_MV_MOD_ABS);
        MoveL(dREL2, 1.5,50, DR_TOOL, DR_MV_MOD_ABS);
        MoveJ(J07r, 1.5,100);
        MoveJ(J08r, 2);
        MoveJ(JEnd, 4);

        dsr_msgs::MovePeriodic mp;
        for(int i=0;i<6;++i){
            mp.request.amp.elems[i] = amp[i];
            mp.request.periodic[i] = period[i];
        }
        mp.request.ref = DR_TOOL;
        mp.request.syncType = 0;
        mp.request.repeat = 1;
        if(!MovepClient.call(mp)){
            ROS_ERROR("Movep Client Call failed");
        }

        dsr_msgs::MoveSpiral ms;
        ms.request.revolution = 3;
```

```
ms.request.maxRadius = 200;
ms.request.maxLength = 100;
for (int j = 0; j < 2; ++j) {
    ms.request.vel.elems[j] = vel_spi[j];
    ms.request.acc.elems[j] = acc_spi[j];
    ms.request.taskAxis = DR_AXIS_X;
    ms.request.ref = DR_TOOL;
}
if(!MovesClient.call(ms)){
    ROS_ERROR("Moves Client Call failed");
}

MoveL(x01, 2);
MoveL(x04, 2, 100);
MoveL(x03, 2, 100);
MoveL(x02, 2,100);
MoveL(x01, 2);

dsr_msgs::MoveCircle mc;
mc.request.pos.resize(2);
mc.request.pos[0].data.resize(6);
mc.request.pos[1].data.resize(6);
cout<<"1"<<endl;
for(int i=0;i<6;++i){
    mc.request.pos[0].data[i] = x02[i];
    mc.request.pos[1].data[i] = x04[i];
}
mc.request.time = 4;
mc.request.radius = 360;
mc.request.mode = DR_MV_MOD_ABS;
mc.request.ref = DR_BASE;
if(!MovecClient.call(mc)){
    ROS_ERROR("Movec Client Call failed");
}
cout<<"2"<<endl;
    }
  }
}
```

10.6.3　实训结果

在 ROS 环境下，编译运行后，实际的机器人运行结果与 9.2 节的结果相同。

10.6.4　思考与问答

请根据 API 手册解释代码中 MovePeriodic、MoveSpiral 和 MoveCircle 的 request 的参数含义。

参考文献

[1] 布鲁诺·西西里安诺，洛伦索·夏维科，路易吉·维拉尼，等. 机器人学：建模、规划与控制[M]. 张国良，曾静，陈励华，等译. 西安：西安交通大学出版社，2015.

[2] 熊有伦. 机器人学：建模、控制与视觉[M]. 武汉：华中科技大学出版社，2022.

[3] LYNCH K M, PARK F C. Modern Robotics: Mechanics, Planning, and Control[M]. Cambridge: Cambridge University Press, 2017.

[4] 王志军，武东杰，赵震. 机器人力控制研究表述[J]. 机械工程与自动化，2018，(02)：223-224.

反侵权盗版声明

　　电子工业出版社依法对本作品享有专有出版权。任何未经权利人书面许可，复制、销售或通过信息网络传播本作品的行为；歪曲、篡改、剽窃本作品的行为，均违反《中华人民共和国著作权法》，其行为人应承担相应的民事责任和行政责任，构成犯罪的，将被依法追究刑事责任。

　　为了维护市场秩序，保护权利人的合法权益，我社将依法查处和打击侵权盗版的单位和个人。欢迎社会各界人士积极举报侵权盗版行为，本社将奖励举报有功人员，并保证举报人的信息不被泄露。

举报电话：（010）88254396；（010）88258888

传　　真：（010）88254397

E-mail：　dbqq@phei.com.cn

通信地址：北京市万寿路 173 信箱
　　　　　电子工业出版社总编办公室

邮　　编：100036